AF366198

Neuroéthique

KATHINKA EVERS

Neuroéthique

Quand la matière s'éveille

Traduit de l'anglais
par Delphine Chapuis-Schmitz

Cet ouvrage s'inscrit dans le cadre de la collection du Collège de France
chez Odile Jacob. Sa traduction a bénéficié du soutien
de la fondation Hugot du Collège de France.

Remerciements

De nombreuses personnes m'ont apporté leur aide tout au long de ce travail et je souhaite les en remercier. Tout d'abord et avant tout, Jean-Pierre Changeux : ses théories en neurosciences, d'une grande pertinence philosophique, ont constitué une source d'inspiration pour mes propres idées, et les discussions continues, stimulantes et amicales que nous avons pu avoir ont été ensuite une occasion inestimable de permettre à ces idées de se développer plus avant. L'invitation qui m'a été faite par le Collège de France de venir comme professeur invité pendant l'année 2006-2007 m'a permis de donner la série de conférences sur la neuroéthique qui est à l'origine de ce livre ; j'ai eu ainsi l'opportunité de présenter mes théories à un public vif et érudit, dont j'ai incontestablement beaucoup bénéficié. Je souhaite également remercier mes collègues du Centre pour l'éthique de la recherche et la bioéthique de l'Université d'Uppsala, dont les critiques constructives ont été extrêmement encourageantes et ont constitué une aide précieuse, tout particulièrement Mats Hansson et Pär Segerdahl. Last but not least, je remercie chaleureusement Alberto Casco, Birgitta Evers et Agneta Siry pour leur soutien et leur enthousiasme infaillibles.

Je dédie ce livre à la personne neuroculturelle la plus complète et la plus harmonieuse que j'aie jamais connue, dont la sagesse m'accompagne, et qui est toujours à mes côtés.

À Jan Evers

Introduction

Le cerveau humain commence peu à peu à se comprendre lui-même. C'est un fait unique dans l'histoire et nous ne sommes encore qu'au début d'un tel processus.

La liberté d'étudier la conscience a été conquise au terme de luttes difficiles dans l'histoire humaine. Au cours de notre passé intellectuel, l'esprit humain a résisté avec opiniâtreté aux capacités analytiques qui distinguent *Homo sapiens* de tous les autres animaux ; et, traditionnellement, l'étude systématique de la conscience a été écartée à la fois par le pouvoir religieux, qui la tenait pour « blasphématoire » (en vertu du fait, notamment, qu'elle menaçait le dogme dualiste d'une âme immortelle qui nous aurait été donnée par Dieu), et par les écoles de pensée scientifiques et non religieuses des XIXe et XXe siècles, qui rejetaient simplement comme « non scientifique » tout usage de termes mentaux. La nature de la conscience est, par conséquent, restée principalement un objet d'étude pour la pensée abstraite, telle que la philosophie, et elle a été bannie du domaine de la science empirique jusqu'à un moment avancé du XXe siècle. Auparavant, l'animal qui avait développé de façon si impressionnante sa capacité à comprendre et à manipuler son environnement par la science et la technologie avait une compréhension comparativement moindre de l'architecture et du fonctionnement de l'organe qui lui avait permis d'accomplir cela : le cerveau conscient et pensant. En conséquence, il n'avait également qu'une connaissance très rudimentaire de lui-même.

La science du cerveau est une science jeune, qui s'est considérablement développée au cours de ces dernières décennies, ce qui a conduit de nombreux auteurs à évoquer l'aube d'une nouvelle révolution scientifique avec des conséquences sociales d'une grande ampleur. Il se peut en effet que les progrès neuroscientifiques modernes en viennent à introduire des modifications profondes dans des notions fondamentales telles que celles de conscience, d'identité, de moi, d'intégrité, de responsabilité personnelle et de liberté, mais aussi, de manière importante, dans les modèles neuroscientifiques du cerveau humain : de tels progrès pourraient conduire à s'éloigner d'une modélisation du cerveau comme réseau artificiel, comme machine à entrées et sorties, pour le représenter comme une matière éveillée et dynamique. Lorsque l'étude de la conscience a fini par devenir scientifiquement « légitime », on a tout d'abord comparé l'esprit humain à un ordinateur et on l'a considéré comme un distributeur automatique qui recevrait des données de l'environnement et les élaborerait pour produire des résultats de manière strictement déterministe. Cette image naïve selon laquelle le cerveau est une sorte d'automate rigide, exclusivement constitué de rouages neuronaux dont l'opération est entièrement déterminée par avance, tendait à ne pas prendre en considération les aspects *dynamiques* de l'esprit humain : sa plasticité, sa variabilité, sa créativité et son émotivité inhérente.

Cette perspective limitée n'a heureusement pas prévalu ; elle a au contraire laissé place à une nouvelle conception du cerveau. Dans la seconde moitié du XXe siècle, on a en effet développé des modèles du cerveau très différents, qui dépeignent ce dernier comme dynamique et variable, actif de manière consciente et non consciente, et soulignent et mettent en lumière l'importance de l'impact social sur son architecture, notamment à travers le poids considérable des empreintes culturelles qui y sont épigénétiquement stockées.

Avec l'émergence de ces modèles, la conscience est devenue un objet d'étude pour les neurosciences d'une manière bien plus réaliste qu'elle ne l'avait été jusqu'alors, et ce en vertu du fait que les propriétés plastiques, créatives et émotionnelles du cerveau, ainsi que ses caractéristiques culturellement induite étaient désormais prises en considération. En conséquence, et de manière importante, les neurosciences ont acquis une *pertinence normative*, au sens où elles sont devenues pertinentes pour comprendre le fort penchant qu'ont les humains à construire des systèmes normatifs (par essence émotionnels) : des systèmes moraux, sociaux, légaux, etc. Pourquoi l'évolution des fonctions cognitives supérieures at-elle produit des êtres moraux plutôt qu'amoraux ? Que signifie pour un animal (humain ou non) « agir comme un agent moral » ? D'où vient notre prédisposition naturelle (en grande partie neurale) à produire des jugements moraux ?

Les progrès neuroscientifiques et les défis qu'ils rencontrent ont inspiré de nouvelles disciplines. L'une d'elles est la *neuroéthique* : elle traite des bénéfices et des dangers potentiels des recherches modernes sur le cerveau, et s'interroge également sur la conscience, sur le sens de soi et sur les valeurs que celui-ci développe. La neuroéthique est à l'interface des sciences empiriques du cerveau, de la philosophie de l'esprit, de la philosophie morale, de l'éthique et des sciences sociales, et elle peut être considérée, en vertu de son caractère interdisciplinaire, comme une sous-discipline des neurosciences, de la philosophie ou de la bioéthique notamment, en fonction de la perspective que l'on souhaite privilégier. On peut établir une distinction entre la *neuroéthique appliquée*, qui se concentre sur des problèmes pratiques tels que les problèmes éthiques soulevés par les techniques de neuro-imagerie, par l'amélioration cognitive ou la neuropharmacologie, et la *neuroéthique fondamentale*, qui s'interroge sur la manière dont la connaissance de l'architecture fonctionnelle du cerveau et de son évolution peut approfondir notre compréhension de l'identité personnelle, de la conscience et de l'intentionnalité, ce qui inclut le développement de la pensée morale et du jugement moral.

La question initiale à laquelle la neuroéthique fondamentale doit répondre est la suivante : comment les sciences naturelles peuvent-elles approfondir notre compréhension de la pensée morale ? Cette question n'est pas nouvelle, mais ce qui est relativement nouveau, c'est la prise de conscience de l'ampleur avec laquelle les anciens problèmes philosophiques émergent au sein des neurosciences en évolution rapide, tels que le problème de savoir si l'espèce humaine possède en tant que telle un libre arbitre, ce que signifie avoir une responsabilité personnelle ou être un soi, quelles sont les relations entre les émotions et la cognition, ou entre les émotions et la mémoire.

Ce livre a pour point de départ une série de quatre conférences données au Collège de France à Paris au cours de l'année 2006. Son objectif est de présenter une conception dynamique du cerveau et de l'esprit humains qui soit utile pour comprendre notre prédisposition naturelle à établir des jugements moraux ainsi que d'autres types de jugements normatifs, et qui puisse constituer un point de départ scientifiquement adéquat et philosophiquement fructueux pour donner à la neuroéthique un cadre théorique plausible. Je montrerai que la connaissance neuroscientifique peut approfondir la compréhension que nous avons de « qui nous sommes » et de la manière dont nous fonctionnons en tant que créatures neuro-biologiques et sociales. Elle peut aider à expliquer les mécanismes du jugement normatif et la manière dont celui-ci a évolué ; elle peut accroître notre capacité à développer des méthodes pour résoudre les problèmes sociaux, pour améliorer notre santé mentale, physique et sociale, perfectionner nos systèmes éducatifs et nous aider à développer nos sociétés dans des directions que nous choisissons. D'un autre côté, elle peut également faire l'objet de graves mésusages (civils ou militaires) et la neuroéthique doit maintenir un niveau de vigilance élevé à cet égard. En raison de leur fort pouvoir explicatif, on pourrait considérer que les neurosciences, en tant que base théorique du raisonnement éthique, ne sont pas moins source de controverse que la génétique, et peut-être même plus. La science peut être idéologiquement détournée – elle l'a été à maintes reprises – de manière d'autant plus dangereuse que la discipline en question est plus puissante. Si les humains apprenaient, disons, à élaborer leur propre cerveau de manière plus importante que nous ne le faisons déjà lorsque nous sélectionnons ce que nous pensons être une alimentation nourrissante pour lui et adoptons des styles de vie sains pour nos neurones, il se *pourrait* que nous fassions bon usage de cette connaissance ; mais, d'un autre côté, le rêve d'un être humain parfait a un passé sordide, et nous avons par conséquent de nombreuses raisons d'être préoccupés par de tels projets. La conscience historique est de la plus haute importance pour que la neuro-éthique puisse évaluer de manière responsable et réaliste les applications suggérées par les neurosciences.

Dans le premier chapitre, différents modèles du cerveau seront examinés dans des perspectives historiques, sociales, idéologiques et philosophiques. Les théories scientifiques de la nature et de l'esprit humains sont occasionnellement tombées dans deux pièges majeurs au cours des XIXe et XXe siècles : le détournement idéologique et la psychophobie, notamment sous la forme de l'éliminativisme et du cognitivisme naïfs. Je montrerai que la neuroéthique doit s'établir sur les fondements scientifiques et philosophiques sains du *matérialisme éclairé* afin de les éviter.

Le matérialisme éclairé

(1) adopte une conception évolutionniste de la conscience, selon laquelle celle-ci constitue une partie irréductible de la réalité biologique, est une fonction du cerveau apparue au cours de l'évolution et constitue un objet approprié de l'enquête scientifique ;

(2) reconnaît qu'une compréhension adéquate de l'expérience consciente et subjective doit prendre en considération à la fois l'information subjective, obtenue par autoréflexion, et l'information objective, obtenue par des observations et des mesures anatomiques et physiologiques ;

(3) décrit le cerveau comme un organe plastique, projectif et narratif, agissant consciemment et inconsciemment de manière autonome et résultant d'une symbiose socioculturelle-biologique ;

(4) considère l'émotion comme la marque distinctive de la conscience : les émotions ont fait s'éveiller la matière et lui ont permis de produire un esprit dynamique, flexible et ouvert ; selon l'image qu'en donne le matérialisme éclairé, la personne neuronale est véritablement *éveillée*, au sens le plus profond du terme.

La spontanéité, l'autonomie, la capacité à l'auto-organisation et la plasticité sont étroitement reliées dans cette description du cerveau qui fait place au libre arbitre et à la responsabilité personnelle. Dans le deuxième chapitre, je montrerai ainsi que la personne neuronale peut être un agent libre et responsable.

Le problème neuroéthique du libre arbitre consiste à expliquer comment la conception socialement cruciale selon laquelle les êtres humains sont des individus libres et responsables peut être articulée avec les conceptions neuroscientifiques que nous avons de nous-mêmes et de notre comportement. On peut se demander s'il est raisonnable de croire au libre arbitre lorsque ce dont nous faisons l'expérience comme d'un choix libre est le résultat d'interactions électrochimiques dans le cerveau et une sorte de programme biologique pour la prise de décision modelé par l'évolution. Mais, d'un autre côté, les idées de libre arbitre et de responsabilité personnelle fonctionnent comme des fondements sociaux. Le libre arbitre est également une caractéristique de base de l'expérience humaine, une structure neuronale fondamentale, comme l'espace, le temps et la causalité. Ces intuitions et nos institutions sociales sont-elles fondées sur des présupposés qui contredisent catégoriquement la connaissance scientifique ou font appel à des mystères métaphysiques ? Ne serait-il pas absurde et perversement injuste de maintenir un système social sophistiqué de récompenses et de punitions si nous pensions qu'aucune vérité ni aucune réalité ne correspondaient aux notions de mérite ou de culpabilité ?

Une position répandue consiste à dire que l'expérience du libre arbitre est « illusoire », notamment en vertu du fait qu'elle est (1) une construction du cerveau, (2) causalement déterminée ou (3) initiée de manière non consciente. En accord avec le modèle du matérialisme éclairé, et dans son prolongement, le deuxième chapitre introduit un modèle neurophilosophique du libre arbitre dans lequel un acte de la volonté peut être « libre » au sens de « volontaire », même si c'est une construction du cerveau causalement déterminée et influencée par des processus neuronaux non conscients. Selon ce modèle, nous pouvons être personnellement tenus pour responsables de l'influence que nous exerçons sur des états et des processus neuraux conscients et non conscients, et nous sommes en ce sens responsables de certaines des choses que notre non-conscient nous fait faire. Étant donné un certain degré de maturité et de santé, le cerveau humain volitionnel incorporé dans son contexte culturel, social et historique est un *organe responsable*. Loin de constituer une nouvelle menace à l'encontre de nos idées inaliénables de libre arbitre et de responsabilité personnelle, les neurosciences peuvent être interprétées en réalité comme venant leur apporter un soutien empirique.

Selon le matérialisme éclairé, nous sommes des évaluateurs-nés et nous sommes neurobiologiquement prédisposés à développer les systèmes de valeurs complexes et variés qui nous permettent de fonctionner dans nos environnements physiques et sociaux. La question se pose naturellement de savoir s'il existe certaines valeurs avec lesquelles toutes les créatures sont nées. Certaines structures innées déterminent-elles la manière dont la personne neuronale, spontanément active, émotionnelle et volitionnelle, interagit socialement, ou encore les structures sociales que nous avons tendance à créer ?

Dans le troisième chapitre, je suggérerai que quatre tendances préférentielles innées, étroitement reliées entre elles, ont évolué dans l'espèce humaine : l'intérêt pour soi, le désir de contrôle et de sécurité, la dissociation d'avec ce que l'on tient pour désagréable ou menaçant (par exemple, notre propre corps ou la nature), et la sympathie sélective par opposition à l'antipathie à l'égard des autres, toutes deux présupposant l'empathie à l'égard d'autrui (la compréhension). L'empathie est dirigée vers des groupes beaucoup plus larges que la sympathie : les humains sont par nature des xénophobes empathiques, qui se dissocient de manière typique de la plupart des autres espèces. C'est une tâche importante pour les neurosciences que d'établir un diagnostic de la situation humaine en termes neurobiologiques. Selon la théorie de l'épigenèse neuronale, les structures socioculturelles et les structures neuronales se développent *en symbiose* et sont causalement pertinentes les unes pour les autres. L'architecture de nos cerveaux détermine notre comportement social, nos dispositions morales comprises, ce qui influence le type de société que nous créons. Et *vice versa* : nos structures socioculturelles influencent le développement de nos cerveaux. Cette conception est compatible avec l'idée qu'il n'est logiquement pas possible de dériver des normes à partir des faits, sauf à commettre le « sophisme naturaliste » (à l'égard du matérialiste éclairé, cette objection du « sophisme naturalisme » n'est pas pertinente). Une responsabilité majeure de la neuroéthique fondamentale consiste en effet à déchiffrer le réseau des *connexions causales* entre les dimensions neurobiologique, socioculturelle et historico-contingente, afin d'évaluer parmi elles lesquelles ont un caractère « universel », spécifié à l'avance dans notre génome et partagé par l'espèce humaine, et lesquelles sont relatives à une culture ou à un système symbolique donnés. Le « sophisme » de l'approche naturaliste est ainsi inversé pour devenir une *responsabilité*.

La responsabilité sociale de la science est un thème récurrent tout au long du livre. Alors que les trois premiers chapitres se concentrent principalement sur la neuroéthique fondamentale, l'attention sera déplacée dans le quatrième chapitre pour se porter sur la neuroéthique appliquée : y seront analysés les défis existentiels, sociaux et politiques auxquels la connaissance neuroscientifique peut donner naissance. Nous verrons que la science a une pertinence normative et que les progrès de la connaissance scientifique peuvent enrichir et inspirer des modifications dans nos conceptions du monde et de nous-mêmes, ainsi que dans nos attitudes existentielles ou idéologiques. Idéalement, ces dernières devraient être en harmonie avec la science dans la mesure où c'est pertinent, ou, en tout cas, elles ne devraient pas la contredire de manière catégorique. Cela étant dit, il nous faut remarquer qu'une certaine vigilance est requise afin d'empêcher que cette idée de conceptions du monde scientifiquement informées (ici comprises en un sens très large) ne mène à des formes de « scientisme » idéologique d'un type socialement destructeur et nullement scientifique, dont certaines auront été discutées dans le premier chapitre. Mais de telles précautions, au demeurant justifiées, ne nous empêchent pas et ne doivent pas nous empêcher de permettre à nos conceptions du monde, à nos attitudes existentielles et à nos conceptions de nous-mêmes de s'enrichir des lumières scientifiques.

De manière générale, le matérialisme éclairé s'accorde avec une conception *dynamique* de la nature. Les réalités que nos cerveaux construisent, y compris les conceptions que nous avons de nous-mêmes, changent sans cesse et évoluent dans une quête de sens permanente. Dans ce modèle, nous ne sommes pas conçus comme des machines biologiques enchaînées opérant de manière automatique, mais comme des êtres capables dans une certaine mesure d'influencer notre réalité et de créer du sens. Le sens, la dignité, la *raison d'être*[1], et les autres notions auxquelles les humains sont attachés, sont certes des constructions du cerveau ; mais, de ce fait, nous *acquérons un pouvoir* sur elles, d'une manière telle qu'on n'a jamais conçu que des dieux imaginés ni des lois de la nature statiques puissent nous en donner un. La connexion causale étroite mise en lumière par le modèle du matérialisme éclairé entre « l'inné et l'acquis », entre les structures neurobiologiques et socioculturelles, confère une signification particulière à la notion de « responsabilité naturaliste » introduite dans ce livre. Le matérialisme éclairé admet que la nature humaine et les sociétés humaines sont le produit à la fois de nos architectures cérébrales et des environnements dans lesquels nos cerveaux ont évolué, et ceci, loin de constituer une confusion trompeuse entre les faits et les valeurs, suggère au contraire un programme scientifique interdisciplinaire, constructif et responsable.

La responsabilité scientifique comporte trois aspects au moins : elle implique de respecter l'adéquation scientifique, la clarté conceptuelle, et la responsabilité sociopolitique en ce qui concerne les questions d'application. D'un point de vue social, le problème des usages doubles de la recherche neuroscientifique est important. Dans ce contexte, la question se pose de savoir de quelle manière le grand intérêt que manifestent les militaires pour les neurosciences, et qui s'exprime par exemple à travers des financements importants, pourrait affecter l'étendue et la nature des applications. Que les bénéfices d'une neurotechnologie spécifique suffisent ou non à contrebalancer les risques possibles de mésusage (civil ou militaire), c'est là une question essentiellement sociopolitique à laquelle doivent répondre dans un effort commun les chercheurs en sciences de la nature et en sciences sociales, les philosophes et les hommes politiques.

Alors que nos actions ont des conséquences d'une grande portée dans l'espace et dans le temps, notre égocentricité cérébrale (psychologique, somatique et spatio-temporelle) nous tient prisonniers dans un monde égocentrique minuscule, ce qui rend difficile la tâche de penser et de prévoir de manière globale et à long terme. Les tentatives pour mettre en place des normes globales sont cependant devenues, ces dernières années, un souci très largement partagé et de plus en plus pressant. Il se peut que les critiques considèrent cela comme une tentative mal avisée pour étendre l'égocentricité naturelle des humains en prétendant à la validité universelle de valeurs adoptées par une minorité ; mais on peut également considérer la convergence vers une civilisation universelle comme un « projet d'éducation éclairée », dans la mesure où certains problèmes requièrent des approches globales afin d'être résolus. Il est important de remarquer, cependant, que la conception égocentrique a des composantes à la fois biologiques et culturelles, et que celles-ci demandent à être comprises en relation les unes avec les autres, afin que la perspective normative soit étendue pour inclure ce qui est distant dans le temps, dans l'espace ou d'un point de vue culturel.

Dans le cadre épigénétique des neurosciences, la possibilité existe en théorie que nous soyons *épigénétiquement proactifs* en influençant culturellement les structures neuronales et l'activité future des gènes humains afin de modifier les fonctions cognitives supérieures et le comportement qui en résulte. Une telle possibilité est digne de l'attention d'un grand nombre de disciplines au-delà des neurosciences. Les défis semblent considérables ; cependant, en fonction de la manière dont nous choisissons de développer nos cultures, des règles épigénétiques pourront peut-être émerger un jour qui étendent les domaines de sympathie, aujourd'hui si étroits, des humains.

1

Quand la matière s'éveille

L'esprit ouvert et ses ennemis

1. L'avènement de la neuroéthique

1.1. SCIENCE ET ÉTHIQUE

Traditionnellement, la science et l'éthique[1] ne font pas bon ménage ; leurs relations ont été mouvementées au cours de l'histoire. En Europe, on peut faire remonter la tradition éthique dans la science moderne à Francis Bacon, homme d'État et philosophe des sciences anglais, annonciateur et protecteur de la révolution scientifique naissante. Pour Bacon, la science était plus qu'une quête scolaire de connaissance ; c'était une étude systématique qui avait pour but la maîtrise de la nature afin de permettre aux êtres humains d'améliorer leur vie sur terre. De Bacon, Diderot a dit qu'il avait tracé la carte de ce que les hommes devaient apprendre, alors même qu'il était impossible d'écrire l'histoire de ce qu'ils savaient, une carte dont faisait clairement partie la responsabilité sociale de la science[2]. Ce n'est cependant pas la conception de Bacon qui devait dominer la science pendant les siècles à venir, mais plutôt la conception officielle de l'époque, dont Robert Hooke, dans sa proposition pour les Statuts de la Société Royale en 1663, a donné une formulation qui est restée célèbre :

> Le rôle et le but de la Société royale [est] d'améliorer la connaissance des choses naturelles, et de tous les Arts utiles, Manufactures, pratiques Mécaniques, Engins et Inventions expérimentales – (et de ne pas se mêler de Divinité, de métaphysique, de morale, de politique, de grammaire, de rhétorique ou de logique).

En raison du fait qu'il traitait essentiellement des intérêts humains subjectifs, le débat éthique a longtemps été banni de la science traditionnelle, en conformité avec ses normes de « désintéressement » et d'« objectivité[3] » qui requéraient que tous les résultats de la recherche fussent menés, présentés et discutés de manière tout à fait impersonnelle, « comme s'ils étaient produits par des androïdes ou par des anges ». De nombreux scientifiques sont restés tout à fait indifférents aux problèmes éthiques que soulevait leur recherche, et ils refusaient de reconnaître que la science puisse avoir la responsabilité d'y faire face. C'est là l'image classique de la « tour d'ivoire », selon laquelle les scientifiques devaient travailler comme des êtres célestes, entièrement isolés des affaires humaines, et se satisfaire de leur conviction que la vérité était leur unique but légitime. Ce principe de « non-éthique » n'était pas un modèle obsolète que l'on aurait pu renverser d'une pichenette ; il était, au contraire, « partie intégrante d'une forme culturelle complexe[4] », dont la modification a requis beaucoup de temps et d'efforts[5].

Il ne fait aucun doute qu'un certain nombre des évolutions scientifiques et technologiques du XXe siècle ont eu pour résultat de grands bienfaits pour l'humanité. Et les frontières de la science actuelle peuvent, à vrai dire, laisser espérer des bienfaits futurs encore plus grands. D'un autre côté, comme l'admettent aujourd'hui un grand nombre de scientifiques, la distribution de ces bienfaits sur notre terre est profondément inégalitaire. De plus, les menaces qui pèsent sur notre environnement et les obstacles à une coexistence pacifique entre les différents peuples et les différentes nations sont dans une grande mesure le résultat direct ou indirect de l'entreprise scientifique. Ainsi, alors que la science moderne mérite assurément d'être louée pour ses réalisations nouvelles et nombreuses, pour la connaissance meilleure et la compréhension plus profonde qu'elle nous a permis d'acquérir, elle doit également accepter d'être critiquée pour le rôle destructeur qu'elle a joué et qu'elle continue à jouer dans certains des chapitres les moins glorieux de notre histoire.

Au cours du XXe siècle, la culture de la science a fini par devenir plus conforme à l'utopie de Bacon : à la science traditionnellement individualiste et socialement isolée, on a vu se substituer de plus en plus une science d'équipe, axée sur des projets souvent interdisciplinaires, et dont on exige qu'elle se justifie en termes de conséquences humaines potentielles. Il est remarquable – et prometteur – que l'intérêt pour l'éthique de la science et pour les problèmes éthiques qui naissent de ses applications multiples ait augmenté de manière significative au cours de ces dernières années, un intérêt que l'on peut déceler aussi bien au sein des différentes disciplines scientifiques que dans le public général de la science. Des efforts nombreux et divers sont réalisés pour approfondir cette discussion et trouver une orientation et des principes directeurs[6].

Toutefois, si l'on prend le terme « éthique » au sens de l'analyse des concepts impliqués dans le raisonnement moral pratique, ces analyses ne concernent pas exclusivement les applications : des questions fondamentales sont également au programme. Par exemple : que signifie pour un animal (qu'il soit humain ou non) « agir en tant qu'agent moral » ? Pourquoi l'évolution des fonctions cognitives supérieures a-t-elle produit des êtres moraux plutôt qu'amoraux ? Comme le demande le neuroscientifique Jean-Pierre Changeux : d'où vient « la prédisposition naturelle (principalement neurale) des êtres humains à produire des jugements moraux[7] » ? En d'autres termes, il faut distinguer l'*éthique fondamentale*, dont les recherches portent sur la nature et l'évolution de la pensée morale et du jugement moral, et l'*éthique appliquée*, qui a trait à des problèmes de nature plus pratique et concrète. Bien sûr, la philosophie morale s'est longtemps interrogée sur des problèmes fondamentaux, mais ceux-ci se sont également posés en lien avec d'autres disciplines, telles que la biologie, la génétique ou, plus récemment, les neurosciences.

1.2. NEUROÉTHIQUE FONDAMENTALE ET NEUROÉTHIQUE APPLIQUÉE

Ayant ainsi gagné leur place au sein de la communauté scientifique, après une lutte longue et difficile, les éthiciens et les philosophes moraux se voient aujourd'hui confrontés de manière intéressante à une situation *inversée* lorsque les sciences naturelles, en particulier les neurosciences, pénètrent sur « leur » domaine en prétendant apporter un éclairage scientifique sur le phénomène de la pensée morale[8]. Cette entrée audacieuse est reçue avec des degrés d'enthousiasme variés, qui vont de la confiance optimiste en la découverte de solutions définitives pour des problèmes philosophiques séculaires au rejet pur et simple[9]. Les attitudes morales sont souvent conçues comme étant le dernier domaine qui résiste obstinément à la compréhension scientifique, et les avis divergent sur la question de savoir s'il faut s'en réjouir ou le déplorer. On pourrait comparer cette situation aux réactions qu'a rencontrées Jacques Monod lorsqu'il a suggéré que la vie pouvait être expliquée en termes biochimiques : de nombreux lecteurs ont été outrés ; d'autres se sont réjouis[10]. Le vitalisme (la doctrine selon laquelle les corps vivants présentent certaines caractéristiques qui les empêchent d'être expliqués entièrement en termes physiques et chimiques) était encore répandu à cette époque, mais il a été abandonné depuis lors. Et la conception de Monod n'est plus considérée aujourd'hui comme si provocante.

Les neurosciences sont une science jeune, qui a connu une évolution considérable au cours des dernières décennies. Le neuroscientifique Gerald Edelman a affirmé en 1992 que « ce qui se passe actuellement en neurosciences peut être considéré comme un prélude à la révolution scientifique la plus grande qui puisse être, une révolution avec des conséquences sociales importantes et inévitables[11] ». L'un des objectifs ultimes de cette révolution scientifique est d'obtenir enfin une meilleure compréhension de la nature et du fonctionnement de l'esprit humain, y compris du développement de son caractère moral.

On a bâti de nombreux modèles de l'esprit et du cerveau. Certains décrivent celui-ci comme un mécanisme automatique rigide dont les opérations sont entièrement déterminées[12] ; d'autres proposent des modèles très différents, qui le décrivent comme dynamique et variable, actif de manière consciente ou non, et mettent en relief l'importance de l'impact social sur l'architecture du cerveau, notamment par l'intermédiaire du poids énorme des empreintes culturelles qui y sont emmagasinées de manière épigénétique[13]. Dans ce chapitre, j'examinerai ces différents modèles du cerveau dans une perspective historique, sociale, idéologique et philosophique, d'une manière qui, je l'espère, rendra les modèles du second type plus crédibles en termes de bon sens, de valeur explicative et d'utilité. Cependant, au cours de toutes ces discussions, il est important de garder à l'esprit notre immense ignorance des processus neurobiologiques évoqués, ainsi que les difficultés rencontrées lors de la réalisation de synthèses conceptuelles quand nous sommes obligés de faire usage d'approches multidisciplinaires, passant d'un niveau à un autre – par exemple, du niveau moléculaire au niveau cognitif –, et enfin les limitations drastiques de notre « appareil cognitif » (c'est-à-dire de notre cerveau lui-même) lorsqu'il s'agit de décrire la réalité, en particulier la réalité de notre cerveau. Chacune de ces difficultés appelle à une extrême modestie[14].

La modestie n'est pas moins requise lorsque la neuroscience moderne fait des efforts de plus en plus grands pour révéler les bases neurobiologiques de la conscience et de la rationalité humaines[15], du comportement humain et de l'identité humaine. Maintenant que nous avons une meilleure compréhension des détails des systèmes régulateurs dans le cerveau et de la manière dont les émotions, les idées et les décisions émergent dans des réseaux neuraux, il est de plus en plus manifeste que les sentiments, les pensées et les préférences proviennent de notre neurobiologie, et que notre neurobiologie est profondément façonnée par notre histoire évolutionnaire. Depuis les débuts de l'imagerie cérébrale fonctionnelle, on observe une augmentation significative du nombre des études neuroscientifiques sur la conscience, sur les comportements et les émotions complexes, et ces études commencent à révéler la base neurale des fonctions cognitives/ affectives[16]. Elles incluent des études sur la volonté et le contrôle de soi ou l'autosurveillance[17], sur le jugement moral[18], la prise de décision[19], les attitudes raciales[20], la peur[21], le mensonge et la duperie[22]. Selon certains, la capacité grandissante de l'espèce humaine à comprendre et même à élaborer son propre cerveau « influencera l'histoire avec autant de force que le développement de la métallurgie à l'âge du fer, la mécanisation pendant la révolution industrielle ou la génétique dans la seconde moitié du XXe siècle[23] ».

Ces avancées neuroscientifiques, et les défis qu'elles rencontrent, ont inspiré de nouvelles disciplines universitaires. L'une d'elles est la *neuroéthique*, que l'on décrit comme étant « un continent inexploré qui s'étend entre les deux rivages peuplés de l'éthique et des neurosciences [...], une nouvelle ère du discours intellectuel et social[24] » qui s'intéresse aux bienfaits et aux dangers possibles de la recherche moderne sur le cerveau. La neuroéthique traite de notre conscience et du sens de soi-même, ainsi que des valeurs que le moi développe : elle est une interface entre les sciences empiriques du cerveau, la philosophie de l'esprit, la philosophie morale, l'éthique et les sciences sociales. Elle est l'étude des questions qui surviennent lorsque l'on étend les découvertes scientifiques sur le cerveau à des analyses philosophiques, à la pratique médicale, aux interprétations légales, aux politiques sociales et de santé, et elle peut notamment être considérée, en vertu de son caractère interdisciplinaire, comme une sous-discipline des neurosciences, de la philosophie ou de la bioéthique, selon la perspective que l'on souhaite privilégier. De telles questions ne sont pas nouvelles ; elles ont déjà été posées pendant les Lumières françaises, en particulier par Diderot qui a affirmé dans ses *Éléments de physiologie* : « C'est qu'il est bien difficile de faire de la bonne métaphysique et de la bonne morale sans être anatomiste, naturaliste, physiologiste et médecin[25]... » De plus, les problèmes éthiques qui naissent des progrès réalisés dans les neurosciences ont été examinés depuis longtemps par les comités d'éthique dans le monde entier, bien que cela n'ait pas nécessairement eu lieu sous l'appellation « neuroéthique[26] ».

En tant que discipline universitaire *appelée* « neuroéthique », il s'agit toutefois d'une discipline très jeune. Le premier colloque consacré à la neuroéthique s'est tenu en 2002[27], et c'est principalement dans la décennie précédente que l'on commence à trouver des références à la neuroéthique dans la littérature. Les premiers articles décrivaient, par exemple, le rôle du neurologue en tant que neuroéthicien confronté au soin des patients et aux décisions de fin de vie[28], ainsi qu'aux perspectives philosophiques sur le cerveau et sur le moi[29].

Jusqu'ici, les chercheurs en neuroéthique se sont principalement concentrés sur l'éthique des neurosciences, ou la *neuroéthique appliquée*, qui touche par exemple aux problèmes éthiques que soulèvent les techniques de neuro-imagerie, l'amélioration cognitive ou la neuropharmacologie[30]. Une autre approche scientifique, importante bien que moins répandue jusqu'à présent, et que l'on peut appeler *neuroéthique fondamentale*, consiste à interroger la manière dont la connaissance de l'architecture fonctionnelle du cerveau et de son évolution peut améliorer notre compréhension de l'identité personnelle, de la conscience et de l'intentionnalité, ce qui inclut également notre compréhension du développement de la pensée morale et du jugement moral. La neuroéthique fondamentale devrait fournir les fondements théoriques adéquats qui sont requis pour pouvoir aborder convenablement les problèmes d'application.

La question à laquelle la neuroéthique fondamentale doit répondre en premier lieu est la suivante : comment la science de la nature peut-elle améliorer notre compréhension de la pensée morale ? La première est-elle, en fait, véritablement pertinente pour la seconde ? On peut considérer que cette question est contenue dans celle de savoir si la conscience humaine peut être comprise en termes biologiques, dans la mesure où la pensée morale est un sous-ensemble de la pensée en général[31]. Ce n'est certainement pas une interrogation nouvelle ; il s'agit au contraire d'une version du problème classique du rapport du corps et de l'esprit, problème qui a été discuté depuis des millénaires et formulé en termes tout à fait modernes depuis les Lumières. Ce qui est relativement nouveau, c'est la prise de conscience de l'ampleur avec laquelle les anciens problèmes philosophiques émergent au sein des neurosciences en évolution rapide, comme ceux de savoir si l'espèce humaine possède en tant que telle une volonté libre, ce que signifie avoir une responsabilité personnelle ou être un soi, ou encore quelles sont les relations entre les émotions et la connaissance, ou entre les émotions et la mémoire.

Notons que les neurosciences ne se contentent pas de proposer des domaines pour une application intéressante du raisonnement éthique, ni d'appeler à l'aide pour la résolution de problèmes soulevés par des découvertes scientifiques, comme l'ont fait depuis longtemps les scientifiques de différentes disciplines, et comme on les a encouragés à le faire. Elles prétendent également *offrir des explications scientifiques* pour des aspects importants de la pensée morale et du jugement moral, ce qui est plus controversé dans certains cercles. Toutefois, alors que la compréhension de l'éthique en tant que phénomène social est, en premier lieu, une question de compréhension de mécanismes culturels et sociaux, il apparaît de plus en plus que la connaissance du cerveau est également pertinente dans ce contexte. Le progrès en neurosciences, notamment en ce qui concerne les fonctions dynamiques des réseaux neuraux[32], peut améliorer notre compréhension de la prise de décision, du choix, de l'acquisition d'un caractère et d'un tempérament, et du développement de dispositions morales. Il n'y a jusqu'à présent aucune preuve de l'existence d'une aire cérébrale dédiée à la morale et centrée sur elle, mais de nombreuses données montrent comment des dysfonctionnements ou des dommages dans le cerveau peuvent sous-tendre une multitude de handicaps cognitifs, émotionnels et comportementaux, tels que la perte de mémoire, le manque d'attention ou les troubles de la personnalité, l'incapacité morale y compris[33].

Dans cette mesure, la neuroéthique se distingue sans nul doute d'autres branches de la bioéthique, notamment de la gène-éthique (appelée parfois « généthique[34] »). Les sciences naturelles ont différents degrés de pouvoir explicatif en ce qui concerne la pensée morale et le jugement moral. Le fossé explicatif entre nos esprits et notre structure génétique est, selon moi, plus large que le fossé explicatif entre nos esprits et l'architecture de nos cerveaux, car le rapport entre ces deux derniers est plus étroit qu'entre les deux premiers, et cela d'une manière importante d'un point de vue explicatif. Pour le dire simplement, les neurosciences peuvent *donner plus d'explications* sur les raisons pour lesquelles nous pensons et sentons comme nous le faisons que ne le fait ou ne peut le faire la génétique. Bien que la structure génétique d'un individu détermine de manière importante qui il ou elle deviendra, et ce qu'il ou elle deviendra, aussi bien physiologiquement qu'en termes de personnalité, les gènes ne décident que d'aspects limités de la nature de l'individu[35], et, au moins pour autant que l'esprit est concerné, ils ont une influence moindre que celle des structures de son cerveau. Par opposition à cela, le cerveau est l'*organe de l'individualité* : de l'intelligence, de la personnalité, du comportement et de la conscience ; autant de caractéristiques que la science du cerveau est de plus en plus à même d'examiner et d'expliquer de manière significative. Nous sommes des hommes et des femmes neuronaux[36], au sens où tout ce que nous faisons, pensons et sentons est une fonction de l'architecture de nos cerveaux ; et pourtant, ce fait n'est pas encore totalement intégré à nos conceptions générales du monde, ni à nos conceptions de nous-mêmes.

Il se peut que les « conséquences sociales importantes et inévitables » de la révolution neuroscientifique aillent jusqu'à inclure des modifications profondes dans des notions fondamentales telles que celles d'identité humaine, de moi, d'identité individuelle, de responsabilité personnelle et de liberté, mais aussi, de manière importante, dans les modèles neuroscientifiques de la conscience et du cerveau humains : on s'éloignerait d'une modélisation du cerveau sous la forme d'un réseau artificiel, d'une machine à entrées et sorties, pour le représenter comme une matière dynamique et éveillée. En raison de leur fort pouvoir explicatif, on pourrait considérer que les neurosciences en tant que base théorique du raisonnement éthique ne sont pas moins sujettes à controverse que la génétique – et peut-être le sont-elles plus encore. La science peut être idéologiquement détournée, et elle l'a souvent été, de façon d'autant plus dangereuse que la science en question est plus puissante. Si les humains apprenaient à modeler leur propre cerveau dans une mesure plus grande que nous ne le faisons déjà lorsque nous sélectionnons ce que nous pensons être une alimentation nourrissante pour le cerveau et lorsque nous adoptons des modes de vie sains pour nos neurones, nous *pourrions* faire un bon usage de cette connaissance – il y a assurément une marge d'amélioration. D'un autre côté, le rêve de l'être humain parfait a un passé sordide, et nous avons en conséquence de nombreuses raisons d'être préoccupés par des projets de ce genre. Une conscience historique est de la plus haute importance pour que la neuroéthique puisse évaluer de manière réaliste et responsable les applications qu'elle suggère.

2. La science au service de l'idéologie

2.1. LES ÉVOLUTIONS SOCIALES
AU NOM DE LA SCIENCE

Deux forces animent l'histoire des sciences : le désir de comprendre et le désir de contrôler. La quête de vérité et de connaissance a conduit à la création d'un vaste éventail de constructions théoriques, et le besoin de contrôler a souvent conduit à faire de ces dernières un usage tout à fait étranger à la curiosité intellectuelle dont elles émanaient. La conception baconienne d'une science au service des idéaux humains a parfois eu des effets inverses, lorsque la science a été asservie à des préjugés idéologiques d'une manière qui n'avait rien de scientifique.

L'éthique évolutionniste qui s'est développée au XIXe siècle, inspirée par la théorie darwinienne de l'évolution et de la sélection naturelle[37], peut être décrite de façon sommaire comme la tentative de fonder l'éthique sur des faits présumés à propos de l'évolution. Il n'était pas rare que de tels « faits » soient rattachés à la *race*. On associe souvent ce mouvement au philosophe Herbert Spencer, qui, dans son travail sur les *Statistiques sociales* (1851), a loué l'impérialisme pour avoir exterminé certaines parties de l'humanité qui faisaient obstacle, de par leur infériorité, à l'avènement de la civilisation. Toutefois, non seulement l'exclusion raciale mais aussi l'exclusion *sociale* faisaient partie du programme évolutionniste à cette époque. On peut concevoir le darwinisme social comme un mésusage des théories avancées par Darwin, dans la mesure où il n'est pas justifié de décrire Darwin lui-même comme un « darwiniste social ». Ce mouvement, qui a connu un grand succès en Angleterre pendant la révolution industrielle, prônait l'évolution par sélection sociale afin de favoriser la survie des mieux adaptés et l'extermination des plus faibles. L'économiste anglais David Ricardo (1772-1823), icône du libéralisme politique, a suggéré de calculer les salaires par rapport au niveau de subsistance, de façon à permettre aux travailleurs de survivre tout juste, tout en les empêchant de se reproduire librement, une idée favorablement reprise par le philosophe Sidgwick.

Selon le neuroscientifique français Paul Broca, c'est une tendance naturelle des hommes, même parmi les plus libres de préjugés, que d'attacher une idée de supériorité aux caractères dominants de leur race[38]. La croyance en la supériorité d'une race particulière ou d'un groupe sélectionné ou « choisi » n'est en effet pas rare. En Scandinavie, la croyance en la supériorité de la « race scandinave » s'est développée au XIXe et au XXe siècle, inspirée en partie par les écrits du scientifique suédois Anders Retzius, qui a rendu populaire la théorie de l'index crânien comme mesure du degré de sophistication du développement, et l'a utilisée comme fondement d'une théorie de la civilisation. Il n'est pas surprenant que l'index crânien alors considéré comme le plus évolué ait été particulièrement fréquent en Suède. Retzius distinguait les crânes dolichocéphaliques (« aryens » ou « indo-européens »), plutôt longs, avec une moyenne de 0,75 ou moins, et les crânes brachycéphaliques, plutôt courts, avec une moyenne supérieure à 0,8. La plupart des Français s'avéraient être brachycéphaliques, à la différence des Suédois et des Allemands, et c'est probablement l'une des raisons pour lesquelles Broca s'est opposé avec autant de vigueur à cette théorie et a développé la sienne pour y répondre[39].

Les applications des théories évolutionnistes racistes se sont avérées fatales pour les races considérées de « moindre » valeur humaine. Pendant le règne de terreur du roi belge Léopold II au Congo par exemple, dix millions de personnes (la moitié de la population) ont été massacrées lors de l'un des chapitres les plus sombres de la colonisation européenne[40]. De ce point de vue, l'idéologie de la colonisation européenne n'était pas différente de celle du national-socialisme qui allait se développer en Allemagne quelques décennies plus tard. De fait, Spencer est devenu un écrivain aussi populaire chez les idéologues nazis qu'il l'avait été dans l'Angleterre victorienne, bien que, dans les deux cas, des races différences aient été *de facto* objets d'extermination. Alors que les génocides de la colonisation européenne n'ont pas suffi à alerter les intellectuels européens, la découverte des camps de concentration en Europe même a eu un effet tel que, aussitôt après la Seconde Guerre mondiale, il est devenu presque impossible de discuter de l'éthique évolutionniste, si ce n'est en termes négatifs. Le mouvement de l'évolutionnisme, qui associait les changements évolutionnistes à une attitude positive face à la compétition et aux relations agressives entre les personnes, au sein d'une même société ou entre différentes sociétés, a sombré dans le discrédit le plus total.

Avec le progrès de la génétique au cours de la seconde moitié du XXe siècle, l'idée d'eugénisme a connu une nouvelle actualité. Le terme « eugénisme » a été forgé à l'origine par Francis Galton en 1883, pour désigner les tentatives faites pour améliorer l'espèce humaine en adoptant des mesures génétiques. De telles mesures pouvaient aller de l'adoption de mesures politiques ou fiscales en faveur de l'éducation des enfants dans une couche prétendument supérieure de la population, à l'interdiction de se reproduire pour des groupes considérés comme inférieurs, comme l'illustre par exemple la stérilisation forcée des personnes appelées « citoyens B » (c'est-à-dire les citoyennes indésirables ou « inférieures ») pratiquée en Suède autour des années 1950. Au cours de l'évolution de la génétique, l'éventail des pratiques eugéniques s'est enrichi pour inclure, par exemple, les manipulations génétiques visant à éradiquer un gène nocif responsable d'une certaine maladie. Les idées de l'eugénisme ont été développées de façon thérapeutique lorsque l'on s'est concentré sur le traitement de maladies, mais elles n'étaient toutefois pas exclusivement centrées sur ce type d'objectif. Comme le montre l'Histoire, il existe de sérieuses objections éthiques, politiques et scientifiques contre les politiques d'eugénisme effectives, et il est par conséquent devenu difficile ne serait-ce que de soulever certaines questions. La liberté de la science en a souffert en conséquence.

La génétique s'est prêtée à des préjugés politiques de différents types : conservateurs et progressistes, de droite et de gauche, etc. Les idéologies conservatrices s'efforçant de préserver les privilèges de certaines classes spécifiques, de certains genres ou races particuliers, ont cherché un appui dans les théories génétiques telles que le mendélisme, cette théorie de l'hérédité qui provient à l'origine du travail de Gregor Mendel (1866), et qui insiste sur les caractéristiques innées de l'être humain (on pouvait ainsi dire que certains individus étaient « nés pauvres et serfs », et les réformes sociales avaient alors moins de sens). Les idéologies progressistes ont été plutôt inspirées par Jean-Baptiste de Lamarck (1809) et par sa doctrine qui admettait l'hérédité des caractéristiques acquises et, par extension, la flexibilité sociale. À l'extrémité de cet éventail de positions, le lyssenkisme, la version soviétique du lamarckisme, est devenu la doctrine officielle du Parti communiste en Union soviétique, ce qui a mis un terme à toutes les recherches génétiques rivales dans cette partie du monde à l'époque de la domination soviétique.

Les tentatives faites pour asseoir la sociobiologie[41] dans les années 1970 ont suscité d'intenses controverses. Elles ont été critiquées au motif qu'elles s'inscrivaient dans la longue lignée des conceptions déterministes en biologie. « La raison pour laquelle ces théories déterministes récurrentes survivent, selon les critiques, est qu'elles tendent invariablement à fournir une justification génétique du *statu quo* et des privilèges existants pour certains groupes, en fonction de la classe, de la race ou du sexe[42]. » Cette discussion s'est polarisée à l'extrême, les sociologues et les biologistes refusant parfois toute tentative d'explication de l'identité humaine et de la vie sociale en d'autres termes que ceux de leurs propres disciplines[43]. Aujourd'hui, à l'inverse, les explications sociologiques et biologiques de la nature humaine évoluent de manière parallèle, dans une relation de complémentarité plutôt qu'en opposition tranchée. Bien que certains cas nécessitent de choisir entre les deux perspectives (par exemple, lorsqu'il faut décider si un trouble spécifique doit avant tout être expliqué et traité médicalement ou sociologiquement), on ne les considère pas en général comme étant en conflit mutuel. Dans certains cas, bien sûr, il se peut que la paix soit fragile. Les intérêts idéologiques (et parfois financiers) qu'il y a à trouver des faits qui conviennent à un certain ensemble de valeurs ne sont pas moins forts qu'ils ne l'étaient par le passé, et leur pouvoir d'influence sur les communautés scientifiques, par l'intermédiaire des financements conditionnels, des règlements politiques ou par d'autres méthodes encore, n'a pas diminué. Néanmoins, il semble que la guerre de tranchées totale entre la biologie et la sociologie soit sur le déclin.

Dans les neurosciences contemporaines, les perspectives biologique et socioculturelle interagissent de manière dynamique et fusionnelle, ce qui devrait réduire plus encore la tension. Cela est particulièrement vrai des modèles dynamiques du cerveau qui affirment que le contrôle génétique sur l'architecture du cerveau, bien qu'important, est loin d'être absolu ; ce dernier se développe en interaction constante avec les environnements physique et socioculturel immédiats[44]. Nous reviendrons sur ce point de manière plus détaillée au chapitre 3. Nous nous contenterons de noter ici que l'opposition traditionnelle entre la sociologie et la biologie est affaiblie en conséquence, jusqu'à prendre la forme d'une complémentarité. La tâche importante qui reste à accomplir consiste à *unifier* différents niveaux et différents types de connaissances, en combinant les approches techniques et méthodologiques de différentes disciplines plutôt qu'en en sélectionnant une au détriment d'une autre.

Que la science soit idéologiquement biaisée de manière inhérente ou non, il n'en reste pas moins important de souligner que même la science la plus objective peut être détournée pour remplir différents programmes idéologiques et politiques, comme l'histoire de la génétique le met clairement en évidence. Les neurosciences et la neuroéthique qui se développent aujourd'hui devront elles aussi prendre en considération un tel risque. Les neurosciences ont une pertinence sociopolitique très grande, ce qui renforce d'autant plus les problèmes idéologiques. La neuroéthique doit par conséquent prendre garde à la politisation, à plus forte raison lorsqu'il est question de l'élaboration du cerveau humain, ou dans l'éventualité où les théories de l'architecture du cerveau devraient être utilisées pour justifier l'exclusion sociale. Certains signes inquiétants apparaissent déjà : des tentatives pour identifier le cerveau « terroriste » par exemple, ou pour développer des drogues modifiant le cerveau à des fins militaires[45].

La crainte dominante, parmi ceux qui rejettent l'entrée des sciences de la nature dans la philosophie morale et l'éthique, est que la recherche d'explications biologiques de la moralité puisse d'une certaine manière la priver de sa dimension morale, émotionnelle ou humaine, comme on a craint jadis les explications biochimiques de la vie. À l'inverse, l'espoir qui domine parmi ceux qui voient cette évolution sous un jour positif est que la réalisation de l'idée selon laquelle la moralité est un produit du fonctionnement du cerveau dans un environnement social et culturel vienne *renforcer* et enrichir le champ de l'éthique. Comme l'écrit Changeux :

> La recherche de bases neurobiologiques de la conscience et de la rationalité, loin d'appauvrir notre conception de l'identité humaine, offre une opportunité sans précédent pour apprécier à sa juste mesure la variété de l'expérience personnelle, la richesse de la diversité culturelle et la diversité de nos idées sur le monde[46].

Je suis tout à fait d'accord avec la position de Changeux – il n'y a assurément aucune nécessité à ce que la connaissance amoindrisse la dignité humaine, seul l'inverse pourrait éventuellement être le cas. Mais, même ainsi, je peux également tout à fait bien comprendre, au vu de l'histoire récente, que les nouvelles recherches socioculturo-biologiques de la neuroéthique mettent en branle les alarmes idéologiques. La solution consiste, à l'évidence, à prendre garde à tout mésusage idéologique des théories développées, et à maintenir un degré élevé de vigilance à cet égard. Des erreurs ont été faites par le passé qui, il faut le reconnaître, ne devraient pas être répétées. Ces erreurs n'ont toutefois pas été de nature seulement politique.

2.2. LA QUESTION DE LA PLACE DE L'ESPRIT DANS LA NATURE

Une autre source de scepticisme évidente envers les explications neurobiologiques de la moralité est le destin difficile qu'a connu le concept d'esprit conscient lorsque la science a sécularisé ce domaine de recherche et lorsqu'elle a donné avec fermeté à l'esprit humain sa place dans la nature. Des écoles de pensée ont alors vu le jour, qui ont effectivement privé l'esprit conscient, d'un point de vue scientifique, à la fois de son sens et de son contenu. Dans son ardeur à échapper au dualisme, la science du XXe siècle est devenue dans une large mesure psychophobe, et il est important d'avoir ce fait à l'esprit lorsque nous discutons de la pertinence et de la valeur des explications neurobiologiques de la pensée morale et du jugement moral. Bien que cette psychophobie relève désormais en grande partie du passé, il est vital de comprendre ses forces motrices afin de conduire le développement de la neuroéthique dans la bonne direction et de lui donner des fondements sains. Ce thème sera traité au mieux dans une perspective historique large.

Dans la plupart des régions du globe, dans différentes cultures et à différentes époques, l'être humain a pensé posséder une âme unique, distincte du corps. Le désir de maîtriser la mort a conduit les humains à entretenir l'idée d'une âme immortelle, et l'on peut retrouver des versions de cette croyance dualiste dans l'histoire ancienne et jusque dans l'histoire moderne, même dans les domaines profanes. Les plus anciennes tentatives scientifiques que l'on connaisse pour contredire cette croyance sont celles des atomistes de la Grèce classique du Ve siècle avant J.-C. : Leucippe de Milet et Démocrite d'Abdère[47]. Selon ces derniers, le monde consiste en un nombre infini de parties, chacune d'elles – y compris l'âme qu'ils croyaient matérielle et mortelle – consistant en des atomes indivisibles, d'extension, de forme et de poids constants, qui se meuvent dans l'espace vide, mus par leur propre énergie interne, se combinant, se séparant et se recombinant selon une nécessité cosmique régie par des lois (*anankè*). Ce matérialisme atomiste a inspiré la philosophie existentielle de l'épicurisme : première tentative faite pour concilier le rejet rationnel de la croyance en l'immortalité de l'âme avec l'harmonie interne et la paix des émotions[48]. Cette doctrine qu'Épicure enseignait avec douceur dans son jardin (au IVe siècle avant J.-C.) a été exprimée avec une passion prophétique par le philosophe romain Lucrèce (99/94-55/51 avant J.-C.) dans son poème immortel, le *De natura rerum*. C'est de ce poème que vient le cri de guerre des Lumières : « Écrasez l'infâme[49] ! » ; ce cri appelait à rompre avec la loi du clergé qui répandait des dogmes religieux pleins de superstitions et d'irrationalité.

L'épicurisme a eu un impact important sur l'histoire ultérieure du matérialisme en Europe, en influençant notamment Diderot[50], Galilée, et Gassendi. Ces deux derniers ont tenté de concilier l'épicurisme avec la foi chrétienne dualiste, mais sans succès. Cependant, à l'époque de la chrétienté, la vie intellectuelle en Europe était sous l'emprise de contraintes bien plus lourdes qu'au temps de l'Antiquité grecque, lorsque le sacerdoce militant et les textes sacrés avaient moins d'importance. Sous la loi chrétienne, les idées progressistes devaient être exprimées avec précaution, si ce n'est de façon codée[51]. Cela est clairement illustré par les destins de deux défenseurs européens classiques du dualisme métaphysique, Galilée et Descartes, qui, au XVIIe siècle, ont établi une distinction nette entre la vie mentale de l'âme et la réalité physique. Descartes a assimilé l'esprit à la conscience ; pour lui, l'esprit est essentiellement conscient et distinct de la matière inconsciente. On a suggéré que Descartes doutait de sa propre distinction dualiste entre la *res cogitans* et la *res extensa*, puisqu'il reconnaissait entre elles une « unité de composition, dans la mesure où toutes deux se rencontrent dans le même homme »[52]. C'est une lecture controversée, mais possible. Lorsque nous évaluons sa validité, il nous faut garder à l'esprit les limitations idéologiques et théoriques imposées par l'Église catholique à cette époque. Il semblerait que l'interprétation non dualiste de Descartes implique un rejet du dogme catholique d'une âme humaine immortelle. Une telle croyance aurait dû être exprimée avec beaucoup de précaution, si elle l'a jamais été. De son côté, Galilée a été jugé pour avoir rejeté, c'est bien connu, les conceptions admises sur la géocentricité[53], et le philosophe Spinoza, qui prenait parti en faveur d'une relation moniste entre le corps et l'esprit et avait développé sous forme déduc-tive une conception séculière du monde, a été excommunié pour ses croyances à la fois par la communauté chrétienne et par la communauté juive. Étant donné les ambitions politico-religieuses de Descartes, il était peu probable qu'il exprime des conceptions blasphématoires – ce qui ne revient pas à dire, bien sûr, qu'il n'en défendait aucune.

Le dualisme a été de loin la position la plus courante depuis les présocratiques, aussi bien en philosophie qu'en reli-gion. Le monisme, l'idée selon laquelle il ne peut y avoir qu'une seule substance réelle, a été comparativement rare, du moins en Europe où il n'a nullement réussi à attirer les foules. La théorie défendue par Parménide (515 avant J.-C.) de la Réalité Une[54] (l'Unité parménidienne) et la théorie moniste de la Substance Infinie défendue par Spinoza[55] sont des exceptions notables à la règle dualiste (toutes deux présentent des affinités remarquables avec les cosmologies classiques chi-noise et indienne).

Cependant, depuis le développement des sciences de la nature au XVIIIe siècle, le dualisme a subi de sérieuses attaques. Le pionnier du matérialisme français, Jean Meslier (1664-1729) a suggéré que, pour que la matière devienne consciente, ses parties devaient être *organisées* de manière spécifique – cette idée a été reprise avec vigueur par les Lumières. À la suite de Meslier, en 1748, le docteur et chirurgien français, Julien Offroy de La Mettrie, a publié son livre influent *L'Homme machine*, dont l'athéisme et le matérialisme ont indigné non seulement l'orthodoxie pieuse et dualiste, mais aussi les Hollandais qui avaient offert refuge à Spinoza et dont la tolérance est bien connue. Le « blasphème » de La Mettrie a consisté précisément à rejeter le dualisme classique en suggérant que les processus mentaux devaient être expliqués en termes physiologiques en raison du fait que la conscience est une fonction corporelle. Voltaire a forgé l'expression « matière pensante » dans une lettre de 1733, et Diderot a discuté en termes tout à fait modernes, dans *Le Rêve de d'Alembert* (1769), le problème de savoir comment la matière devait être organisée afin que la conscience se développe. Un autre coup sévère porté au dualisme corps-esprit a été donné quelques décennies plus tard par l'anatomiste allemand Franz Joseph Gall (le fondateur de la phrénologie), qui a affirmé que le cerveau était l'organe de l'esprit et que cet organe était constitué d'un grand nombre de parties, avec différentes spécialisations[56]. L'idée de spécialisation du cerveau a été reprise et prolongée (dans des directions toutefois différentes) par les neurologues du XIXe siècle, notamment par Paul Broca en France et Carl Wernicke en Allemagne, dans leurs études de patients ayant subi des lésions cérébrales provoquant l'aphasie[57].

De manière générale, alors que les sciences de la nature se libéraient peu à peu des chaînes du dogme religieux, l'idée de l'*esprit comme entité biologique* a gagné du terrain, et la question de savoir comment comprendre la nature et l'origine de l'esprit, ainsi que les relations entre l'esprit et la matière, a pris de plus en plus d'importance. Le problème du corps et de l'esprit, au sens de la question du rapport entre la matière et l'esprit, a fait l'objet de discussions depuis les présocratiques ; mais, alors que les Grecs, tout comme les Égyptiens, les Mésopotamiens et les Hébreux, étaient en général cardio-centriques[58], c'est-à-dire qu'ils croyaient que l'esprit se nichait dans le cœur, le cerveau a remplacé le cœur comme réceptacle de la conscience pendant les Lumières, qui privilégiaient une position céphalocentrique. La question est alors devenue celle de savoir comment *l'esprit et le cerveau* sont liés, ou comment le cerveau donne naissance à la conscience.

Cette question a inspiré depuis lors un grand nombre de constructions théoriques, et c'est un problème pour les chercheurs qui étudient l'esprit que de savoir comment se rapporter à cette complexité théorique. Par exemple, Joseph LeDoux, dans ses travaux sur la mémoire, discute ce problème en relation avec les recherches sur l'émotion[59]. Comment la neuroéthique doit-elle alors se rapporter à la question du rapport entre le corps et l'esprit ? Afin d'éviter les faux problèmes ainsi que les suggestions d'application irréalistes et une pensée confuse en général, la neuroéthique doit inclure au minimum quelque compréhension de ce sur quoi porte le problème ; ou peut-être, plus important encore, de ce sur quoi il ne devrait *pas* porter. La neuroéthique doit éviter le piège du dualisme, mais elle doit également éviter les pièges du matérialisme non éclairé et de l'éliminativisme naïf (*cf.* § 1.3.1. ci-dessous). Échapper à ces deux obstacles requiert une certaine connaissance de base du problème du corps et de l'esprit.

Avec l'accroissement de notre connaissance du cerveau, des questions ont vu le jour qui ont été discutées à la fois par les scientifiques et par les philosophes – mais pas nécessairement ensemble. Lorsque l'idéal du génie universel était en plein essor, les pionniers intellectuels étaient souvent dans le même temps d'excellents mathématiciens, d'excellents philosophes et d'excellents scientifiques, et leurs réponses aux questions pertinentes combinaient de manière typique une connaissance de nombreux domaines différents. Cependant, alors que les disciplines scientifiques se sont chacune de plus en plus spécialisées, leur indépendance s'est accrue et il est devenu plus difficile de rester au fait des progrès dans de nombreux domaines. Pendant la majeure partie du XXe siècle, les sciences empiriques du cerveau sont restées complètement séparées de la philosophie de l'esprit. Les analyses philosophiques de la conscience n'étaient pas considérées comme légitimes dans une carrière scientifique au cours de laquelle il n'était pas sage de produire des analyses sur la conscience avant d'avoir obtenu un poste de professeur[60]. Du côté de la philosophie, la situation était similaire, mais du point de vue opposé : la philosophie s'est de plus en plus détachée des sciences empiriques, jusqu'au point où l'usage des données empiriques a été positivement banni des analyses philosophiques. La philosophie est devenue une discipline *a priori*, qui découvre des principes *a priori*. De même, les sciences cognitives se sont largement développées indépendamment et de la science du cerveau et de la philosophie de l'esprit, alors même qu'elles s'intéressaient à la fois au raisonnement abstrait et aux données empiriques. Un tel isolationnisme théorique aurait été tout à fait étranger aux philosophes des Lumières, et il n'est pas surprenant qu'il ait conduit tout droit à une impasse.

3. La science psychophobe

3.1. L'ÉLIMINATIVISME NAÏF

Vers la fin du XIXe siècle, les scientifiques et les philosophes de l'esprit, libérés de l'emprise idéologique des dogmes religieux, étaient à même d'exprimer leurs conceptions avec beaucoup moins de contraintes que leurs prédécesseurs. De façon intéressante, un grand nombre d'entre eux ont éperdument cherché à détruire la chose même qu'ils étaient enfin libres d'étudier : les sciences de l'esprit[61] ont contracté la *psychophobie*.

Au début du XXe siècle, l'école du béhaviorisme s'est développée en réaction contre les écoles de psychologie précédentes, qui utilisaient des méthodes introspectives pour décrire et expliquer la conscience. Selon les béhavioristes, l'introspection n'était pas une méthode scientifique adéquate. Cependant, cette tendance a rapidement pris la forme d'un rejet complet hors de l'enquête scientifique non seulement des méthodes introspectives, mais aussi de la chose même que la psychologie était (auparavant) censée étudier, à savoir la conscience. Les béhavioristes rejetaient toute référence à la « conscience » ; selon eux, cette notion n'était pas plus crédible, du point de vue scientifique, que la notion classique d'âme, aucune des deux « n'ayant jamais été observée dans un tube à essais[62] ». L'un des fondateurs du béhaviorisme, John Broadus Watson, a fait la suggestion suivante : « Le temps est venu pour la psychologie de se débarrasser de toute référence à la conscience. [...] Son unique tâche est de prédire et de contrôler le comportement, et l'introspection ne peut en aucun cas faire partie de sa méthode[63]. » Par « comportement », Watson entendait des événements publics, observables. La vie mentale ne pouvant pas être publiquement observée[64], elle devait être exclue de la scène scientifique. Selon Watson, le béhavioriste doit « exclure de son vocabulaire tous les termes subjectifs – sensation, perception, image, désir, but et même pensée et émotion – tels qu'ils étaient définis de manière subjective[65] ».

Quelques décennies plus tard, Skinner a développé des idées similaires lorsqu'il a affirmé dans son ouvrage de référence, *La Science et le Comportement humain*, que « l'esprit » et « les idées » sont des fictions « inventées dans le seul but de fournir des explications fallacieuses[66] ». Tous les états mentaux étaient en effet rejetés, voire tournés en ridicule : ils étaient par exemple désignés de manière péjorative comme des « fantômes dans la machine[67] ». La grande majorité des psychologues a suivi la tendance béhavioriste, ce qui eut ce résultat que résume un bon mot célèbre de Sir Cyril Burt : « Comme pourrait être tenté de le dire un spectateur cynique, la psychologie, après avoir d'abord vendu son âme, puis perdu l'esprit, semble, maintenant qu'elle affronte une mort prématurée, avoir perdu toute conscience[68]. » Arthur Koestler concluait que la psychologie « semblait avoir sombré dans une version moderne de l'obscurantisme moyenâgeux[69] ».

L'école béhavioriste était *éliminativiste* en ce qui concerne la vie mentale subjective, au sens où elle éliminait la conscience du discours et de l'enquête scientifiques. Cependant, il est important de distinguer trois versions de l'éliminativisme :

(a) *l'éliminativisme conceptuel* : l'idée selon laquelle un certain terme est tellement entaché d'erreur qu'il est préférable de l'abandonner ;

(b) *l'éliminativisme contextuel*[70] : l'idée selon laquelle une certaine chose n'est pas appropriée dans un contexte donné, par exemple la conscience en tant qu'objet d'étude scientifique ;

(c) *l'éliminativisme ontologique* : l'idée selon laquelle une certaine chose n'existe pas.

Il est possible de défendre (a) sans adhérer à (b) ou (c) : trouver qu'un concept est trop ambigu pour être utile ne revient pas à dire qu'il n'y a rien à quoi il puisse faire référence, ni que l'objet auquel il prétend faire référence n'est pas un objet approprié à l'enquête scientifique. Je montrerai que, en ce qui concerne la conscience dans le contexte de l'enquête scientifique, il est possible de défendre (a) alors que (b) est faux et que (c) est logiquement absurde. Nier que la conscience existe est logiquement absurde : une telle négation entraîne sa propre fausseté. Nier que la conscience puisse être scientifiquement étudiée n'est pas logiquement erroné, mais cette position a été invalidée par des décennies de science post-béhavioriste pendant lesquelles la conscience a été étudiée avec succès. Nier que le concept soit utile n'est ni absurde ni manifestement faux, mais c'est selon moi problématique.

On trouve dans la littérature sur le sujet une grande variété de concepts de conscience : la conscience phénoménale, la conscience de soi, la conscience de contrôle ou conscience d'accès, ou encore la conscience cognitive, intentionnelle ou fonctionnelle, chacun d'eux pouvant donner lieu à diverses interprétations. Cette diversité conceptuelle a parfois laissé penser, on peut le comprendre, qu'il était « préférable d'éviter » ce terme[71]. Dans certains cas, je l'accorde, des concepts sont devenus tellement entachés d'erreur qu'il valait mieux les abandonner (comme ceux d'« âme », de « fantôme » ou d'« ange »), et il est tout à fait possible que cette liste inclue des termes ayant traditionnellement occupé une place centrale. Cependant, le concept de conscience est selon moi, tout comme les concepts d'espace et de temps, une pierre angulaire inamovible de nos conceptions du monde : nous n'avons pas d'autre choix que de le conserver, avec un grand nombre d'autres termes mentaux tels que « sentiment », « soi » et « idée ». Ce que requiert la diversité conceptuelle, c'est que nous spécifiions le sens auquel nous utilisons ce concept lorsque nous développons des cadres théoriques susceptibles de suggérer d'importantes révisions linguistiques (je reviendrai sur ce point plus bas).

Selon une théorie éliminativiste, le terme « conscience » ne fait référence à rien qui ne puisse être expliqué sans faire usage d'aucun terme mental. Ce type de position est appelé « réductionnisme éliminativiste ». Par exemple, selon certains exposés réductionnistes éliminativistes[72], la conscience n'est rien d'autre qu'une activité neuronale dans le cerveau, et nous devons simplement attendre que les neurosciences évoluent encore pour en savoir davantage sur ce qu'il y a à en savoir. Le neuroscientifique Francis Crick a commencé l'un de ses livres de manière célèbre en annonçant : « Vous n'êtes qu'un paquet de neurones[73]. » Les articles en neuroéthique en parlent encore comme de l'« hypothèse étonnante[74] » selon laquelle « l'esprit est le cerveau ». C'est à mon sens chose regrettable, car soit cette hypothèse est absurde, soit elle n'est pas du tout étonnante. La version nullement étonnante est l'énoncé *ontologique* selon lequel l'esprit n'*existe* pas indépendamment du cerveau : la conscience est un processus qui émerge de l'activité neuronale dans le cerveau ou qui est une fonction de cette dernière. Cette idée fait partie de la connaissance scientifique commune, et elle a probablement été source d'étonnement à une époque, mais on ne peut pas vraiment dire qu'elle le soit encore. La partie (étonnamment) absurde est, comme je le montrerai ci-dessous, le « rien d'autre que », compris comme étant la conception *épistémologique* selon laquelle la connaissance *objective* de l'activité neuronale dans le cerveau peut nous dire – à nous, êtres humains finis – tout ce qu'il y a à savoir à propos de la conscience, sans faire appel à aucun compte rendu *subjectif* qui serait basé sur l'autoréflexion[75].

Le réductionnisme éliminativiste a été critiqué, notamment mais pas exclusivement, par le philosophe John Searle[76]. Selon Searle, l'expérience de la conscience est une expérience interne, en première personne, et il est logiquement absurde de nier, en présence de cette expérience, l'existence de la conscience. (On a là véritablement une version de l'argument cartésien du « *Cogito, ergo sum* ».) La conscience consiste de manière essentielle en des processus internes, subjectifs, et lorsque ceux-ci sont présents, on ne peut douter de son existence à moins de souffrir d'une « pathologie intellectuelle[77] ». Le réductionnisme éliminativiste implique que l'on fasse une distinction entre l'apparence et la réalité ; mais, dans le cas de la conscience, la réalité *est* l'apparence. Selon Searle, la conscience est un phénomène qui émerge des processus de l'architecture cérébrale[78] et qui existe en tant que partie du monde réelle et irréductible : il n'y a rien à quoi elle puisse être réduite de manière telle que cela implique son élimination. Une ontologie en première personne ne peut être réduite à une ontologie en troisième personne, ou *vice versa*, sans que quelque chose soit laissé de côté. La conscience n'est donc pas réductible comme le sont de manière typique d'autres propriétés biologiques, car elle a une ontologie en première personne. Le matérialisme sous sa forme naïve, ontologiquement réductionniste, est par conséquent intenable[79].

Lorsqu'il parle de la conception subjective, Searle, comme un grand nombre d'auteurs avant et après lui, parle des mondes « intérieurs » de l'expérience. C'est là selon moi une expression poétique, mais quelque peu obscure, si ce n'est redondante. La question se pose de savoir où est tracée la ligne entre l'« intérieur » et l'« extérieur ». L'« extérieur » pourrait être compris sur la base de l'idée selon laquelle toutes nos expériences se rapportent de manière essentielle à nos propres points de vue, qui sont nécessairement finis et que nous ne pouvons jamais transcender. Si par « extérieur » nous entendons ce qui est « indépendant de toute pensée humaine » (comme le monde nouménal de Kant, la *chose en soi*[80]), nous ne pouvons alors jamais connaître l'« extérieur » ; le problème épistémologique est insoluble. Nous sommes prisonniers de nos cerveaux et de notre propre finitude. Il s'agit là d'un argument logique, et non empirique. S'il en allait ainsi, la science ne serait pas l'étude du monde extérieur, puisque la science n'a que faire des noumènes. Si, ce qui est plus probable, Searle et consorts entendent par monde « extérieur » ou « externe » le monde « objectif » (qui est phénoménal au sens de Kant, tout comme le monde subjectif), c'est-à-dire le monde tel qu'il nous apparaît en tant qu'habitants de la Terre, en tant qu'espèce, en tant que créatures neuronales, mais au-delà de nos propres perspectives subjectives, individuelles, alors une partie de l'extérieur est à l'intérieur de nos cerveaux, de notre monde neuronal. (Je suppose qu'aucun des auteurs qui utilisent cette distinction ne veut dire que la ligne est tracée de manière ontologique par nos corps, ou par nos cerveaux, car, dans ce cas, la plus grande partie du monde intérieur ne serait pas objet d'expérience.) Mais si la distinction interne/externe est tracée de manière épistémologique en identifiant l'intérieur avec le « subjectif » et l'extérieur avec l'« objectif », il semble alors que cette distinction ambiguë et obscure soit redondante. Si on insiste pour la maintenir, on pourrait dire que le monde intérieur consiste dans les propres représentations du cerveau, produites par celui-ci de manière autonome et non comme résultant de stimuli extérieurs, tel que le décrit Changeux[81] ; mais, ici encore, il semblerait que le terme « autonome » soit plus informatif que le terme obscur « intérieur ».

La distinction entre les perspectives subjective et objective est une question de point de vue et de complétude. Pour nos cerveaux, les deux perspectives restent à l'intérieur du domaine des êtres finis : toutes deux sont, en conséquence, incomplètes ; mais, alors que le point de vue subjectif est la vision d'un individu, le point de vue objectif va au-delà de tout individu particulier. Les deux perspectives ont une place légitime dans nos descriptions de la conscience, par essence incomplètes. (Un esprit ayant une perspective complète serait par nature infini ; il concevrait le monde à la manière de la substance infinie de Spinoza, *sub specie aeternitatis*.) La perspective subjective d'esprits finis ne peut pas *logiquement* être décrite de manière exhaustive dans les termes objectifs dont ces esprits finis disposent. Dans un monde d'esprits finis, aucune description objective en troisième personne ne peut capturer la vision de la première personne dans sa perspective propre ; celle-ci doit être expérimentée en première main pour être connue, et vivre l'expérience d'un autre est une impossibilité logique. Même si nous essayons de construire des expériences de pensée dans lesquelles les êtres humains ont accès aux pensées des autres, chacune de ces perspectives finies sera toujours *interprétée* par une autre perspective finie, qui fonctionnera par conséquent comme un filtre. Un esprit fini ne peut jamais connaître de manière exhaustive un autre esprit fini, leur différence les en empêche. Il s'agit d'une impossibilité logique, et non empirique. Seul un esprit infini peut avoir une connaissance exhaustive, mais sa perspective n'est pas différente d'une autre : l'infinité dissout la subjectivité. (Ce n'est assurément pas une idée nouvelle : elle a été développée, comme on le sait, par Spinoza dans l'*Éthique*, et par beaucoup d'autres après lui.) De plus, on peut ajouter comme corollaire, avec une référence à la loi de l'identité des indiscernables de Leibniz[82], que si un sujet fini devait « partager » la perspective finie d'un autre, il fusionnerait nécessairement avec lui : il n'y aurait plus alors deux sujets de l'expérience mais un seul. L'expérience phénoménale individuelle ne peut être partagée ni entièrement communiquée[83].

La neuroscience contemporaine reformule une version de ce problème philosophique lorsqu'elle pose la question de savoir dans quelle mesure un esprit humain[84] peut avoir accès à un autre esprit humain – question d'une grande importance pour la neuroéthique. Pourrons-nous jamais être à même de « lire dans les esprits » sans communication verbale (sans parler) ? Alors que, convenons-en, ces questions posent problème du point de vue de leur sens et de leur intelligibilité, l'idée même qu'elles expriment ne peut être écartée sans plus de manière, comme nous le verrons. Cependant, on a grandement surestimé à une certaine époque le pouvoir qu'avait la biologie d'expliquer l'expérience humaine, et on trouve malheureusement des signes qui rappellent cette situation dans l'explosion soudaine d'articles sur la neuroéthique, notamment lorsque l'expression « carte du cerveau » est utilisée comme équivalent de l'expression « carte de la pensée » et présentée comme décrivant « les profils quantitatifs de la fonction cervicale », sans plus d'explication[85].

Un chercheur peut choisir de stipuler, au moyen d'une définition technique, que cartographier une activité du cerveau revient à cartographier une pensée ; cependant, au regard de la manière dont ces termes fonctionnent dans le langage ordinaire, cela peut être tout à fait trompeur. Une pensée, dans le discours ordinaire, est *au sujet de* quelque chose de spécifique, par exemple : que « je vais préparer du poisson pour le dîner de ce soir ». Elle a une *signification*, par exemple un *contenu sémantique*[86]. Si nous sommes matérialistes et que nous identifions les pensées avec les processus neuronaux, nous devons admettre que ces derniers peuvent également avoir une signification, par exemple un contenu sémantique, puisque les pensées en ont une. Il serait cependant illégitime d'en conclure que la cartographie *contextuelle* d'un processus neuronal conscient peut ou doit fournir des informations sur le *contenu* de ce processus. Ce dernier, selon l'usage linguistique ordinaire, est ce que semble vouloir désigner l'expression « cartographie de la pensée ». Cartographier un processus neuronal conscient revient peut-être indirectement à cartographier un contenu sémantique, puisqu'un processus de ce type a un tel contenu. Toutefois, cela n'implique pas que la cartographie de ce contenu sémantique le *révèle*. Il se peut qu'elle puisse le faire, mais il faut le montrer : cela ne s'ensuit pas logiquement. Ainsi, alors que l'expression « carte du cerveau » est raisonnable – puisqu'elle fait bien entendre ce qui est en jeu : la cartographie des activités du cerveau –, son assimilation grossière à l'expression « carte de la pensée » – qui suggère quant à elle, d'après l'usage linguistique ordinaire, une cartographie informative du contenu sémantique – ne peut être justifiée sans de plus amples explications.

Insister sur une distinction terminologique entre les cartes du cerveau et les cartes de la pensée est logiquement compatible avec le fait de croire en la possibilité théorique[87] d'une cartographie avancée de la pensée. Un modèle formel du réseau neuronal a été proposé, dans lequel on distingue entre les activités neurales qui correspondent aux processus conscients et celles qui correspondent aux processus non conscients, et dans lequel les processus du cerveau peuvent être cartographiés et identifiés en tant que causes des états conscients, c'est-à-dire en tant qu'ils sont subjectivement expérimentés (par opposition aux activités neuronales qui ne causent pas d'états conscients), ce qui permet de distinguer les états du cerveau qui sont subjectivement expérimentés de ceux qui ne le sont pas[88]. Dans ce modèle, l'accès au traitement conscient impliquerait de réfléchir les activités *via* le réseau de neurones de l'espace de travail longue distance[89], ce qui ne serait pas le cas pour le traitement non conscient. En d'autres termes, les « éléments » consciemment perçus seraient « étiquetés » ou « marqués » de manière électro-physiologique[90]. Ce modèle présente des affinités avec l'hypothèse du noyau dynamique, suggérée par Edelman et Tononi. Selon eux, cette hypothèse « est utile d'un point de vue heuristique non seulement parce qu'elle précise les types de processus neuronaux qui sous-tendent l'expérience consciente, mais aussi parce qu'elle fournit une base rationnelle pour distinguer ces processus de ceux qui demeurent inconscients[91] ». De plus, les résultats des expériences qui utilisent les techniques d'imagerie nouvelles et puissantes suggèrent que les *contenus* de ces expériences subjectives peuvent être dans certains cas identifiés en partie[92]. Dans la mesure où ces expériences fournissent la preuve d'une base neurale de la connaissance sémantique et de bases neurales de la signification, il devient possible de lire dans les esprits.

Des théories *neurosémantiques* ont été développées, qui suggèrent l'existence de principes de codage neuronaux sémantiquement universels, en dépit de la variabilité neuronale considérable entre les individus et au sein d'un même individu[93]. Cette idée ne doit pas être confondue avec l'idée naïve selon laquelle la représentation neurale d'une signification complexe est située dans une cellule nerveuse unique, hiérarchiquement dominante, le « neurone pontifical ». Cette dernière idée est en grande partie injustifiée. Dans l'exposé de Changeux, par exemple, différentes populations de neurones sont liées, en tant que parties d'un réseau distribué, dans ce que le psychologue Donald Hebb a appelé une « assemblée de cellules[94] ». Chacun des neurones qui composent cette assemblée a son propre schéma de connectivité distinctif, ce qui

équivaut à une forme d'individualité. Différentes significations mobilisent différentes populations de neurones, situées
en divers endroits du cortex, et qui correspondent à des caractéristiques particulières, ou traits, d'un objet, chacune d'elles
ayant un « poids » différent. Changeux souligne que « cette
affirmation ne requiert pas que l'on construise une topologie
exacte des connexions anatomiques qui soit reproductible
dans le moindre détail pour les cerveaux de différents individus, mais seulement que l'on établisse une carte des relations
fonctionnelles (des schémas de caractéristiques sémantiques
communes) dont le contenu est déterminé par la spécificité
fonctionnelle des aires corticales pertinentes. Une carte de ce
genre implique que des réseaux anatomiquement variables
puissent enregistrer et stocker les mêmes significations d'un
individu à un autre[95] ».

Schnitzler et Gross suggèrent de façon similaire que :

> les neurones en nombre extrêmement élevé dans le cerveau humain
> sont reliés pour former des ensembles fonctionnellement spécialisés.
> Les capacités de traitement exceptionnelles du cerveau reposent sur
> la communication locale au sein de ces ensembles, ainsi que sur la
> communication longue distance entre eux. Même les tâches simples,
> qu'elles soient sensorielles, motrices ou cognitives, dépendent de la
> coordination précise d'un grand nombre d'aires du cerveau. Des
> améliorations récentes dans les méthodes d'étude de la communica-
> tion longue distance nous ont permis de traiter un grand nombre
> de questions importantes. Quels sont les mécanismes communs qui
> gouvernent la communication locale et la communication longue
> distance, et comment sont-ils reliés à la structure du cerveau[96] ?

On trouve dans les neurosciences de nombreuses études
des mécanismes neuraux du langage et de la communication[97].
Qu'il y ait une base neurale de la sémantique, c'est là, je pense,
un point de vue logique qu'un matérialiste doit adopter. C'est

clairement un champ fascinant de l'enquête scientifique, même s'il comporte des risques. Mes préoccupations philosophiques portent, en premier lieu, sur la question de savoir ce que *signifie* l'affirmation selon laquelle il y a des principes de codage neuronaux sémantiquement universels, et, en second lieu, sur la détermination de l'*étendue* de ce que nous pouvons découvrir (ou de ce que nous sommes justifiés à croire que nous pouvons découvrir) à propos de ce contenu sémantique, et comment. Jusqu'à présent, les techniques d'imagerie ne semblent nous donner au mieux qu'un accès très général au contenu des états neuraux et des processus neuraux conscients, et la possibilité, même de principe, d'une lecture détaillée de la pensée demeure controversée. Cela dépend en partie de ce que l'on entend par « pensée », de la manière dont on analyse le concept de « signification » (ou de « contenu sémantique ») et de la manière dont on considère que l'élément d'interprétation intersubjective des activités neuronales peut être mesuré. (Les possibilités théoriques de lecture de l'esprit sont limitées mais pas entièrement exclues par l'argument spinoziste-leibnizien que j'ai énoncé ci-dessus – qui soulignait qu'une connaissance exhaustive de l'expérience subjective d'un autre est logiquement inatteignable pour un esprit fini –, car même une connaissance qui est nécessairement incomplète peut être très détaillée.) Il reste malgré tout un élément d'interprétation lors de la lecture d'un esprit par un autre, et il me semble que la possibilité théorique d'acquérir une connaissance au sujet du contenu sémantique *général* des processus neuronaux n'implique pas logiquement qu'il soit en théorie possible d'acquérir une connaissance exhaustive du contenu sémantique *spécifique* de ces processus. On dispose sans doute aujourd'hui d'une preuve empirique de la première possibilité, mais jusqu'à présent on ne dispose d'aucune preuve empirique de la seconde (et on n'en disposera jamais si l'impossibilité est une impossibilité de principe).

Je veux bien admettre, pour ma part, que, à la lumière des données disponibles, l'expérience subjective d'un individu puisse être objectivement mesurée et « lue » sans avoir recours à des comptes rendus personnels. Mais j'ai par ailleurs de sérieux doutes en ce qui concerne la possibilité théorique de mesurer de manière *exhaustive* les contenus qualitatifs de l'expérience subjective, d'une manière qui puisse nous donner des informations claires et spécifiques à propos de ce qu'une personne est en train de penser à un moment donné, *sans* qu'elle nous le dise. Il me semble en effet que la complexité et la plasticité intrinsèques de l'expérience subjective, le filtre inévitable de l'interprétation intersubjective, et le problème de savoir quel langage utiliser lors de l'interprétation des résultats de mesure, rendent en principe impossible de « lire les pensées » en détail, *même si* la neurosémantique est parvenue à révéler, en théorie comme en pratique, l'existence d'une base neurale de la sémantique. Il n'y a toutefois pas de réponse simple ni évidente à ce problème complexe, qui promet de devenir un champ important de la recherche future ; mais ni l'espace ni le temps ne me permettent ici de rendre justice à cette discussion. Pour conclure sur une remarque pratique : ceux qui croient que les neurosciences pourraient en principe être développées afin de cartographier en détail les contenus sémantiques, ceux-là ne devraient pas, en vertu de leur responsabilité envers la société, utiliser sans précaution des notions spectaculaires telles que « cartographie de la pensée » lorsqu'ils suggèrent des applications possibles pour des techniques comme l'IRMf[98], car ils ouvrent la porte à de très graves mésusages de technologies par ailleurs utiles.

Pour revenir au problème de l'éliminativisme, le matérialisme a raison lorsqu'il dépeint la conscience comme un phénomène biologique « incorporé » dans le cerveau[99]. Ce rejet du dualisme ne nous conduit cependant pas jusqu'à un réductionnisme éliminativiste, pas plus que le rejet de ce dernier ne nous conduit nécessairement au dualisme des propriétés, selon lequel « les propriétés psychologiques doivent être traitées exclusivement dans leurs propres termes, qui diffèrent nécessairement de ceux utilisés pour les objets physiques ou pour les corps qui leur donnent naissance[100] ». Aujourd'hui, un grand nombre de neuroscientifiques sont matérialistes (ou naturalistes) sans être éliminativistes en ce qui concerne la conscience. Que la conscience existe, qu'elle soit susceptible d'être scientifiquement étudiée et qu'on ne puisse l'écarter comme un simple « paquet de neurones » (même si elle est neuronale), c'est là aujourd'hui le point de départ de la science du cerveau et de la philosophie de l'esprit empiriquement fondée et, à mon avis, de la neuroéthique. D'un point de vue ontologique, la conscience est une fonction biologique des activités neuronales du cerveau. D'un point de vue épistémologique, une compréhension adéquate de l'expérience subjective des créatures neuronales doit prendre en compte « à la fois l'information introspective et les données recueillies lors d'observations anatomiques et de mesures physiques[101] ». La neuroéthique fondamentale doit, par conséquent, reconnaître *à la fois* le caractère incorporé de la conscience *et* la perspective irréductiblement subjective. De plus, comme je le montrerai dans la section suivante, puisque l'expérience subjective du cerveau mobilise les émotions, qui constituent une caractéristique essentielle du jugement moral, la neuroéthique fondamentale doit également se fonder sur une conception du cerveau qui prenne en considération les émotions et les valeurs.

Le défi consiste à apporter une réponse à la question que se posaient les philosophes des Lumières bien avant que la science de l'esprit ne sombre dans une impasse : qu'est-ce qui peut expliquer, dans l'architecture du cerveau, pourquoi et comment il est devenu conscient ? Qu'est-ce qui a fait s'éveiller la matière ? Et, une fois éveillée, comment la matière est-elle devenue moralement engagée ? Gaston Bachelard se plaignait de ce que les philosophes des sciences identifiaient le matérialisme avec une conception grossière de la matière, dépourvue de toute base expérimentale, et de ce qu'ils aient mis sur pied un homme de paille : un « matérialisme sans matière[102] ». Peut-être ce matérialisme sans matière a-t-il également été source d'inspiration pour une science de l'esprit sans esprit.

Selon Searle, et nous retrouvons ici la question de l'éliminativisme conceptuel soulevée ci-dessus, ce n'est pas le concept de conscience mais les catégories classiques de « physique » et de « mental » qu'il est préférable d'éviter, car « notre tradition philosophique nous a rendus aveugles au caractère naturel, biologique, de la conscience et des autres phénomènes mentaux en faisant du "mental" et du "physique" deux domaines mutuellement exclusifs[103] ». Nous aurions peut-être besoin de réviser notre langage naturellement dualiste afin de laisser une plus grande place au matérialisme éclairé. Non pas en *expulsant* de manière unilatérale les références à des parties importantes de la réalité, mais en reformulant les problèmes centraux de manière à *établir des ponts entre eux.* Cela permettra peut-être d'atteindre le but fixé par Changeux : « détruire les barrières qui séparent le neural du mental, et construire un pont, aussi fragile soit-il, qui nous permette de passer de l'un à l'autre[104] ». Cette idée s'approche peut-être aussi du « cadre théorique unifié » que Patricia Churchland a à l'esprit lorsqu'elle affirme, dans sa discussion sur la réduction interthéorique :

> Les théories, à différents niveaux, évoluent souvent de manière conjointe. [...] C'est souvent dans ce développement graduel

conjoint que sont effectuées les corrections et les extensions des deux théories, et, d'une interanimation théorique de ce type, il se peut qu'émerge finalement un cadre théorique unifié. [...] Il est selon moi tout à fait improbable qu'une unification théorique des neurosciences et de la psychologie implique une réduction *durable* des états mentaux *tels qu'ils sont actuellement compris* à des états neuronaux *tels qu'ils sont actuellement compris*[105].

Cependant, si cette révision linguistique est accomplie (ou si elle devait jamais l'être), il faut qu'elle prenne en considération la complexité mentale et neuronale tout entière, et elle ne doit pas succomber à la tentation d'une simplification à outrance. Ce serait insatisfaisant, à la fois d'un point de vue théorique et d'un point de vue social : de telles simplifications sont des obstacles à la connaissance, et elles se prêtent plus facilement aux polarisations idéologiques, ainsi qu'à d'autres mésusages politiques qui s'accommodent moins bien de la complexité.

La science a également ignoré pendant longtemps deux aspects importants de l'esprit qui sont pourtant essentiels pour comprendre le développement de la conscience par le cerveau et la propension de ce dernier au jugement moral – et l'on peut également voir dans cette exclusion théorique une forme de psychophobie : il s'agit de l'architecture du cerveau biologique, et de l'émotivité qui lui est inhérente.

3.2. LE COGNITIVISME NAÏF

Les sciences cognitives sont entrées en scène au milieu du XXe siècle, et il semblerait à première vue qu'elles soient venues porter secours à l'esprit. Le béhaviorisme a été détrôné et l'esprit ramené au premier plan, mais pas dans sa totalité, toutefois : on laissait toujours de côté et dans l'obscurité les émotions, ainsi que le cerveau. Les sciences cognitives ont développé la théorie du fonctionnalisme, selon laquelle l'esprit pourrait être comparé à une machine : on pensait que les fonctions intelligentes accomplies par différentes machines (organiques ou non) reflétaient des processus sous-jacents identiques. Selon le fonctionnalisme, « les gens se conduisent d'après une connaissance faite de représentations mentales symboliques. La cognition consiste dans la manipulation de ces symboles. Les phénomènes psychologiques sont décrits en termes de processus fonctionnels. [...] On suppose que la computation est largement indépendante de la structure et du mode de développement du système nerveux[106] ». La nature physique du système nerveux « ne contraint en aucune manière les schémas de la pensée[107] ». Les fonctionnalistes ont montré peu d'intérêt pour les sciences du cerveau, pensant que l'organisation de l'esprit pouvait être étudiée sans faire référence au matériau qui le produit[108]. Pour le dire simplement, on voyait l'esprit comme un programme d'ordinateur dans le cerveau, qui était pour sa part comparé au disque dur de l'ordinateur. Cette conception a été fermement critiquée par Edelman qui affirme :

> L'entreprise cognitiviste repose sur un ensemble de présuppositions non examinées. L'une de ses faiblesses les plus étonnantes est qu'elle ne fait référence que de façon marginale aux fondements biologiques qui sous-tendent les mécanismes qu'elle prétend expliquer. Cela a pour conséquence une déviation scientifique tout aussi grande que celle du béhaviorisme qu'elle a tenté de supplanter. Les erreurs critiques qui sous-tendent cette déviation demeurent tout aussi inaperçues par la plupart des scientifiques cognitivistes que l'étaient la relativité avant Einstein et l'héliocentrisme avant Copernic. [...] J'affirme que la structure tout entière sur laquelle repose l'entreprise cognitiviste est incohérente, et qu'elle n'est nullement supportée par les faits[109].

LeDoux objecte de même au fonctionnalisme qu'il est faux de prétendre que le matériau n'est pas pertinent pour comprendre l'esprit[110]. Afin de comprendre les sentiments et les émotions notamment, il est nécessaire d'examiner les mécanismes qui les produisent dans le cerveau. Mais en traitant les esprits comme des ordinateurs, les scientifiques cognitivistes n'en auraient pas eu conscience, portant plus d'intérêt à la manière dont les êtres humains résolvent les énigmes logiques qu'à la question de savoir pourquoi ils ont les sentiments qu'ils ont. Et c'est un autre domaine où il s'est avéré que les sciences cognitives procédaient de manière incorrecte : en donnant trop d'importance à l'intellect au détriment des émotions.

On a souvent décrit les sciences cognitives comme la « nouvelle science de l'esprit[111] » ; mais LeDoux montre que ce n'est pas rendre service aux sciences de l'esprit, car « les sciences cognitives ne sont véritablement la science que d'une partie de l'esprit, une partie qui a affaire avec la pensée, le raisonnement et l'intellect. Elles laissent les émotions en dehors. Et des esprits sans émotions ne sont pas de véritables esprits. Ce sont des âmes prises dans la glace – des créatures froides, sans vie, privées de tout désir, de toute peur, douleur, souffrance, et de tout plaisir[112] ». Certaines parties des sciences cognitives ont bien étudié les émotions, mais ce faisant elles les transformaient en cognitions, en comprenant les émotions comme si elles n'étaient rien d'autre que des pensées à propos des situations dans lesquelles nous nous trouvons engagés[113]. Pour le dire autrement, les émotions étaient réduites à des cognitions. Tout en admettant que les émotions puissent effectivement être des interprétations cognitives de situations données (c'est là une idée précédemment formulée par Aristote, Descartes et Spinoza), LeDoux objecte que l'on est bien loin d'une réduction des émotions à des cognitions :

> En échangeant la passion d'une émotion pour des pensées à son sujet, les théories cognitives ont transformé les émotions en des états d'esprit froids et sans vie. Manquant de bruit et de fureur, les émotions en tant que cognitions ne signifient rien[114].

Il va de soi que, même si les sciences cognitives, comme leur nom l'indique, ne s'approchent en aucune manière d'une science complète de l'esprit, elles peuvent néanmoins avoir une valeur explicative pour certains aspects de l'esprit, notamment pour les aspects cognitifs.

Je souhaite ajouter ici un autre élément à l'objection légitime selon laquelle l'approche fonctionnaliste cognitive de la conscience échoue à prendre en considération et les fondements biologiques de la conscience et la capacité inhérente au cerveau conscient à avoir des émotions au niveau non conscient : toute tentative pour formuler une théorie de l'esprit qui exclut ces perspectives ignore également le fait que *les émotions cérébrales au niveau non conscient sont la marque distinctive de la conscience du point de vue de l'évolution.* Dire que les émotions (au sens de LeDoux) sont « les marques distinctives » de la conscience « du point de vue de l'évolution », c'est une manière imagée de dire que les premières signifient la seconde, que l'évolution des émotions rend la conscience possible ; les émotions sont pour ainsi dire le *sceau* de la conscience. Les émotions sont une caractéristique essentielle des valeurs, et, sans aucune valeur, un système ne peut ni apprendre ni se souvenir : il doit préférer certains stimuli à d'autres afin d'apprendre, comme le souligne par exemple Edelman dans son exposé de la conscience primaire[115]. (Une valeur est ici définie comme ce qui est pris en considération lors de la prise de décision et qui influence le choix, la sélection ou la décision – ces derniers pouvant se produire à différents niveaux, non conscients aussi bien que conscients ; une valeur est en outre définie comme une fonction biologique de base, ou comme une caractéristique du raisonnement moral avancé.)

Lorsqu'il explore son environnement de façon motivée, le cerveau exerce résolument certaines volitions de manière non consciente[116], car seule une partie minime de ses explorations fait l'objet d'une expérience subjective. Dans une perspective évolutionniste, les aspects non conscients de la prise de décision ne sont pas seulement possibles, ils sont aussi nécessaires : l'évaluation consciente des stimuli est un processus lent, et cela prendrait beaucoup trop de temps de représenter, d'apprécier et d'initier consciemment chacune des décisions particulières que nous prenons ; un organisme de ce genre aurait peu de chances de survivre, et sans doute même aucune. Une évaluation rapide et non consciente des stimuli est cruciale pour la survie. L'esprit conscient, en raison de ses capacités limitées, a constamment besoin de libérer de l'espace, par exemple en développant des comportements de routine[117]. Gaillard *et al.* affirment, en s'opposant explicitement à l'hypothèse psychanalytique du refoulement, que les processus émotionnels non conscients tendent systématiquement à *faire augmenter* plutôt qu'à faire décroître la probabilité de la perception consciente, de sorte que la perception non consciente augmenterait les chances de la perception consciente[118].

Selon Changeux, l'acquisition de connaissances se fait au moyen de « jeux cognitifs », lors desquels des préreprésentations sont sélectionnées en tant que représentations par des signaux de récompense, et dans lesquels les modèles qui sont « confirmés à la fois par les données extérieures et par les processus d'évaluation internes au sein de l'espace de travail neuronal sont stabilisés en tant que traits permanents ("représentations") de l'appareil cognitif en devenir[119] ». Dans la mesure où elle introduit un délai entre l'élaboration de plans d'action tacites et l'interaction effective de l'organisme[120] avec le monde, l'*anticipation* de la récompense[121] est un composant supplémentaire de l'apprentissage cognitif, et un élément constitutif de la base neurale de la moralité. Par opposition à cela, un système non émotionnel est purement passif, et incapable d'auto-organisation ou d'évaluation ; il ne peut avoir aucune sensibilité à l'égard des signaux de récompense, et, par conséquent, selon cette conception, il serait incapable d'apprendre.

L'hypothèse selon laquelle la conscience ne peut se développer que dans un organisme dont le cerveau a développé des mécanismes émotionnels inconscients (autrement dit : l'émotivité du cerveau est une condition nécessaire de la conscience) suggère une réponse à la question soulevée par exemple par Searle : *pourquoi* la conscience s'est-elle développée[122] ? Une réponse raisonnable pourrait être énoncée en termes évolutionnaires : le cerveau a développé la conscience parce que la conscience est un atout évolutionnaire. Et la raison pour laquelle la conscience est un atout si important du point de vue de l'évolution est, selon moi, qu'elle implique de façon essentielle l'émotivité. Les émotions élèvent l'intentionnalité d'un organisme ; elles constituent sa motivation et sa volition, ce qui augmente sa capacité à exercer un contrôle de soi en interaction avec son environnement que certains motifs le poussent à vouloir explorer activement[123]. C'est ainsi que l'émotivité devient la marque distinctive de l'évolution de la conscience.

Cette conception évolutionniste, selon laquelle la conscience est une fonction du cerveau émotif, ne permet pas seulement de donner une réponse plausible à la question de savoir pourquoi la matière s'est éveillée (à savoir que cela servait des buts évolutionnistes, explicables en termes d'émotivité) ; elle suggère également une réponse à une autre question soulevée par Searle dans le même contexte : un individu non conscient pourrait-il faire tout ce que fait un individu conscient[124] ? Ma réponse à cette question est « non ». Elle est motivée par deux arguments au moins. Même s'il nous est logiquement possible d'imaginer qu'un individu non conscient puisse effectuer des actions complexes d'une manière telle qu'il semblerait être tout à fait similaire à un être conscient qui effectue les mêmes tâches *pendant une période ou à un instant donné*, j'affirmerai, en premier lieu, que le niveau évolutionniste d'un organisme non conscient sera *statique* en raison de l'absence d'émotion : n'ayant pas de valeurs, il manquera *ipso facto* de plasticité, il n'aura par exemple aucune motivation pour explorer son environnement, et, par conséquent, il n'évoluera pas au-delà de son état présent[125]. Le cerveau humain se distingue au contraire par sa *plasticité*, par la capacité qu'ont les neurones et leurs synapses à changer de propriétés en fonction de leur état d'activité[126]. Les valeurs sont un trait distinctif de cette plasticité en tant que forces motrices de l'évolution de la conscience. Rétrospectivement, il semble tout à fait improbable (de fait) qu'un organisme puisse avoir développé sans conscience le comportement complexe des humains, ou que la conscience ait pu se développer sans émotion. En second lieu, les états neuronaux dont la conscience est une fonction ne seraient pas les états qu'ils sont s'il n'en allait pas ainsi. Il y aurait par conséquent une distinction neuronale entre les cerveaux conscients et les cerveaux non conscients : peu importe le degré de similarité des comportements sociaux des organismes, ils seraient nécessairement distincts d'un point de vue neuronal. Leur ressemblance présumée serait, au moins dans cette mesure, superficielle.

Il semble probable, d'après les données dont nous pouvons disposer à l'heure actuelle, que la conscience ait évolué par étapes, et qu'il n'y ait pas de limite claire et distincte à partir de laquelle on puisse dire que la matière s'est éveillée et a commencé à penser. Les organismes non conscients n'évoluent pas au-delà d'un certain degré de complexité ; au-delà de ce degré, ils peuvent être décrits comme conscients, mais ce degré n'est pas clairement délimité. Ce que je veux suggérer ici, c'est que nous pouvons dire que la matière s'est éveillée lorsque la complexité neuronale a atteint une étape lors de laquelle les valeurs, les émotions et les préférences sont apparues. En d'autres termes, *les émotions ont permis à la matière de s'éveiller*. Elles sous-tendent la conscience et elles permettent au cerveau de développer une plus grande conscience, ce qui permet en retour l'apprentissage sélectif et la mémoire, et intensifie de ce fait l'apprentissage. La contribution des émotions à l'évolution de la conscience ne devrait pas être sous-évaluée[127].

Le lien évolutionnaire entre la conscience et l'émotivité du cerveau est d'une grande importance pour la neuroéthique. Sans les émotions, il n'y aurait pas de moralité. Nos différentes formes de moralité sont des systèmes de valeurs développés qui nous permettent de fonctionner dans nos environnements physique, social et culturel. D'un point de vue éthique, il est important de savoir que les processus neuronaux d'évaluation (évaluation des stimuli, des préreprésentations, etc.) et l'émotivité qu'ils impliquent sont des caractéristiques fondamentales de nos cerveaux.

Il sera important que la neuroéthique obtienne une meilleure compréhension des mécanismes qui sous-tendent les émotions. Ces processus d'évaluation ne font pas seulement de l'émotivité une caractéristique fondamentale de la conscience, mais ils font également du conflit émotionnel, ou *lutte de pouvoir*, une caractéristique neuronale essentielle : lorsque différentes valeurs sont en opposition, l'une d'entre elles sera tôt ou tard sélectionnée (à moins que les deux ne soient écartées, et dans l'hypothèse où l'organisme continue à être actif). Il apparaît ainsi que les conflits émotionnels sont la base de l'esprit conscient, et il est important qu'ils le soient. La lutte de pouvoir neuronale inhérente entre des valeurs conflictuelles introduit la question du *contrôle*, qui est une fonction émotive et cognitive hautement évoluée, d'une grande valeur pour la survie. Dans les termes de LeDoux :

> Alors que de nombreux animaux traversent la vie en mettant leurs émotions la plupart du temps sur pilote automatique, ceux qui peuvent passer aisément du pilote automatique au contrôle volontaire ont un formidable avantage supplémentaire. Cet avantage dépend de l'union des fonctions émotionnelle et cognitive. [...] Il se peut que les avantages pour la survie qui proviennent du fait d'être capable d'effectuer de telles transitions aient été un ingrédient important pour donner forme à l'élaboration évolutionniste de la cognition chez les mammifères, ainsi qu'à l'explosion de la cognition chez les primates, en particulier chez les humains[128].

Le « contrôle volontaire » dont parle LeDoux est un concept très débattu, à la fois en neurosciences et en philosophie. Notre cerveau peut bien s'être éveillé, la plus grande partie de notre attention reste cependant non consciente. Je montrerai dans le prochain chapitre qu'une solution neuroscientifique au problème du libre arbitre et de la responsabilité personnelle repose dans les possibilités que nous avons d'influencer causalement les luttes de pouvoir neuronales non conscientes.

La conception exposée par Changeux, selon laquelle le cerveau est un « système neural motivé », actif de manière autonome, « génétiquement pourvu d'une prédisposition à explorer le monde et à classifier ce qu'il y trouve[129] », rend bien compte de la nature exploratrice et émotionnelle du cerveau. Il en va de même avec le modèle du cerveau évaluatif de

Edelman et le modèle du cerveau émotif de LeDoux. À mon sens, l'activité intense et spontanée du cerveau – qui produit constamment des représentations qu'il projette ensuite sur le monde lorsqu'il teste « son environnement physique, social et culturel », indépendamment de ces environnements ou en interaction avec eux – représente également le cerveau conscient comme étant un organe *narratif*, mû par un processus continu de narration et déroulant sa propre histoire neuronale. Le cerveau du fœtus commence l'histoire à un certain moment dans l'utérus de la mère, et cette histoire évoluera ensuite en temps voulu pour devenir l'histoire neuronale de sa vie tout entière.

4. *Une nouvelle conception du cerveau*

4.1. LA SCIENCE PSYCHOPHILE
ET LE MODÈLE DU MATÉRIALISME ÉCLAIRÉ

Les sciences de l'esprit ont souffert d'une psychophobie sérieuse jusqu'à un moment avancé du XXe siècle, et il est parfaitement légitime de vouloir que la neuroéthique ne connaisse pas semblable traversée du désert. « Les doctrines du béhaviorisme, écrivait Arthur Koestler, ont envahi la psychologie comme un virus, provoquant tout d'abord des convulsions, puis paralysant lentement la victime. » Une fois paralysé, il devenait d'autant plus difficile de résister à l'éliminativisme et au cognitivisme naïfs. De leur domaine de recherche, l'un éliminait l'esprit, l'autre les émotions et le cerveau, et bien sûr le résultat était complètement de guingois. C'est, me semble-t-il, un objet d'étude intéressant pour la psychologie que de se demander *pourquoi* un être pensant pourrait bien vouloir réduire son propre esprit à un distributeur automatique béhavioriste, ou même à vrai dire à une machine *quelconque*, organique ou autre. LeDoux demande pour sa part : « Pourquoi pourrait-on vouloir concevoir des esprits sans émotions[130] ? » Pourquoi en effet ?

Si l'on considère cette situation d'un point de vue critique, il semble qu'il y ait là un certain penchant à l'autocastration. En tant qu'espèce, les êtres humains sont intensément émotifs ; ce sont des êtres hautement conscients, et ils ont pourtant consacré tellement de temps et d'énergie à rejeter ces caractéristiques mêmes, à les expulser hors de la science, au lieu de s'efforcer de les comprendre véritablement et d'en acquérir le contrôle. Et pas seulement une fois, mais à plusieurs reprises et de différentes manières. Il semble que nous soyons une espèce répétitive, du moins en ce qui concerne nos erreurs.

D'un autre côté, cette expulsion de la conscience et des émotions, en apparence absurde, a également été inspirée par un rejet bien plus intelligent des idées et des passions incontrôlées. Historiquement, les dogmes qui impliquaient des passions cognitives et/ou affectives ont causé d'énormes dommages, sous la forme de la ferveur religieuse (le rationalisme des Lumières est né après des siècles d'Inquisition), du fanatisme politique (on peut penser ici aux deux guerres mondiales qui ont eu lieu au XXe siècle, et à une perversion grandissante de la démocratie au XXIe siècle), d'un amour ou d'une haine obsessionnels, et ainsi de suite, la liste est presque sans fin. Bien sûr, les passions sous-tendent également la créativité des êtres humains telle qu'elle se manifeste dans la musique, l'architecture, la poésie et, à vrai dire, dans la science[131]. Comme l'ont souligné les stoïciens, le problème ne réside pas dans le fait que nous possédions des passions, mais dans le fait que les passions nous possèdent ; le défi est d'en acquérir le contrôle. Cela suppose une compréhension adéquate des mécanismes en jeu : un diagnostic adapté. Il se peut que le contrôle de l'être humain par lui-même ne soit pas seulement une question de pouvoir de la volonté : Koestler suggère qu'il y a un dysfonctionnement inhérent à notre équipement originel, qui nous rend enclins à la violence et à l'autodestruction, aussi bien à l'échelle personnelle qu'à grande échelle[132]. D'un point de vue différent, scientifique cette fois, le zoologiste Konrad Lorenz est parvenu à une conclusion tout à fait similaire[133].

La situation scientifique a aujourd'hui considérablement évolué par rapport à ce qu'elle était il y a un siècle, un demi-siècle ou même une décennie. La science de l'esprit est beaucoup moins psychophobe (si tant est qu'elle l'est encore), et l'éliminativisme radical en ce qui concerne la conscience a perdu la majeure partie du terrain sur lequel il régnait autrefois[134]. Les neurosciences modernes sont, dans une grande mesure et de façon importante, *non éliminativistes, aussi bien d'un point de vue ontologique que d'un point de vue épistémologique* : elles ne nient pas l'existence de l'esprit (conscient ou inconscient), elles ne nient pas non plus que l'esprit soit un objet important et pertinent de l'étude scientifique, et elles ne prétendent pas nécessairement expliquer l'expérience subjective sans faire usage de l'auto-observation. L'image du cerveau que proposent certains neuroscientifiques contemporains est tout aussi éloignée du béhaviorisme ou du modèle de l'esprit-machine, selon lequel l'activité du cerveau est dépeinte sur le modèle entrées-sorties, qu'elle l'est de la notion religieuse d'âme immatérielle. Comme le disent Edelman et Tononi :

> Nous pouvons reproduire les bases matérielles de l'esprit au point même d'avoir une compréhension satisfaisante de l'origine des choses élevées, telles que le mental. [...] Cette position ne contredit pas

la conclusion selon laquelle chaque esprit est unique et aucun esprit ne peut être entièrement épuisé par des outils scientifiques, et selon laquelle encore l'esprit n'est pas une machine. [...] Non seulement nos énoncés sur l'ordre matériel et sur la signification immatérielle sont mutuellement compatibles dans un cadre scientifique, mais ils s'articulent en une symbiose utile[135].

La science psychophile gagne du terrain.

J'ai essayé de montrer ici comment les théories scientifiques de la nature humaine et de l'esprit sont occasionnellement tombées dans deux pièges majeurs au cours des XIXe et XXe siècles : le détournement idéologique et la psychophobie, sous la forme de l'éliminativisme et du cognitivisme naïfs. J'ai également suggéré que la neuroéthique devait se construire, afin d'éviter de répéter ces erreurs, sur les fondements scientifiques et philosophiques sains de ce qu'il est approprié d'appeler le *matérialisme éclairé*. Ce concept, utilisé à l'origine en chimie[136], a été étendu par Changeux aux neurosciences, dans un modèle du cerveau qui s'oppose à la fois au dualisme et au réductionnisme naïf[137]. Ce modèle se fonde sur l'idée selon laquelle tous les processus cellulaires élémentaires des réseaux du cerveau ont pour base des mécanismes physico-chimiques, et il adopte une conception évolutionniste de la conscience, selon laquelle celle-ci est une fonction biologique des activités neuronales ; mais il décrit le cerveau comme un système projectif, variable et actif de manière autonome, dans lequel les émotions et les valeurs sont incorporées en tant que contraintes nécessaires. En raison de la manière dont nos cerveaux aux capacités limitées acquièrent une connaissance sur le monde et sur nous-mêmes, le matérialisme éclairé reconnaît qu'une compréhension adéquate de notre expérience subjective doit prendre en considération *à la fois* l'information obtenue par l'auto-observation et les données recueillies lors d'observations physiologiques et lors de mesures physiques. Le matérialisme éclairé dépeint le cerveau comme un organe plastique, projectif et narratif, qui résulte d'une symbiose socioculturelle-biologique apparue au cours de l'évolution, et il considère l'émotivité du cerveau comme la marque caractéristique de la conscience du point de vue de l'évolution. Les émotions ont fait s'éveiller la matière, et elles lui ont permis de développer un esprit dynamique, flexible et ouvert. La capacité à effectuer des sélections évaluatives émotionnellement motivées est ce qui distingue les organismes conscients de machines fonctionnant de manière automatique. Et c'est là que réside le germe de la moralité.

Les neurosciences peuvent aider à expliquer les mécanismes du jugement normatif, ainsi que la manière dont la moralité s'est développée. C'est là une connaissance précieuse en elle-même, et qui peut en outre s'avérer très utile dans divers contextes sociaux. D'un autre côté, une telle connaissance peut également faire l'objet de graves mésusages (civils ou militaires) et la neuroéthique doit maintenir un niveau de vigilance élevé de ce point de vue. Nous discuterons des avantages et des dangers des applications sociales des progrès neuroscientifiques dans les chapitres qui suivent, en particulier au chapitre 4. Contentons-nous de remarquer ici que, dans la mesure où la responsabilité scientifique ne peut s'exercer en l'absence d'adéquation scientifique, la neuroéthique appliquée doit être menée au sein de cadres théoriques plausibles, développés par la neuroéthique fondamentale. Je suggère alors qu'une conception du cerveau selon les lignes du matérialisme éclairé peut constituer un point de départ scientifiquement adéquat et philosophiquement fructueux en vue d'atteindre un tel objectif[138].

Comme le décrit le matérialisme éclairé, la personne neuronale est effectivement *éveillée*, au sens le plus profond du terme. Je pense que c'est là une image qui ne posera pas problème à la plupart d'entre nous. Dans une telle perspective, il y a en conséquence peu de raisons de craindre ou de rejeter l'espoir scientifique d'obtenir un jour une compréhension plus détaillée des bases neurobiologiques de la conscience, et d'apprendre pourquoi et comment le cerveau humain a développé une importante propension au jugement moral. Il nous faut désormais intégrer le matérialisme éclairé à notre conception générale du monde, des sociétés et de nous-mêmes, de manière plus profonde que cela n'a été fait jusqu'à présent.

4.2. RÉSUMÉ

Le XXIe siècle a connu le développement rapide des neurosciences et l'émergence d'une nouvelle discipline universitaire : la *neuroéthique*, qui tente d'expliquer le jugement moral en termes en partie neurobiologiques. La neuroéthique est source d'espoir aussi bien que d'appréhension, et une conscience historique est essentielle afin de déterminer la nature et la *raison d'être*[139] de ce domaine de recherche récent. Le but de ce chapitre a été de présenter tout à la fois la neuroéthique et un modèle dynamique du cerveau et de l'esprit humains sur lequel celle-ci puisse être construite de façon fructueuse. Les théories scientifiques de la nature humaine et de l'esprit sont tombées, à diverses reprises au cours des XIXe et XXe siècles, dans deux pièges majeurs : le détournement idéologique et la psychophobie, notamment sous la forme de l'éliminativisme naïf et du cognitivisme naïf. Afin de les éviter, la neuroéthique doit s'élever sur les fondements scientifiques et philosophiques sains du *matérialisme éclairé*. Celui-ci (1) adopte une conception évolutionniste de la conscience, selon laquelle celle-ci constitue une partie irréductible de la réalité biologique ; elle est une fonction du cerveau apparue au cours de l'évolution et un objet qui se prête à l'étude scientifique ; (2) il reconnaît qu'une compréhension adéquate de l'expérience subjective consciente doit prendre en considération à la fois l'information subjective obtenue par auto-observation et l'information objective obtenue lors d'observations et de mesures anatomiques et physiologiques ; (3) il décrit le cerveau comme un organe plastique, projectif et narratif, agissant consciemment et inconsciemment de manière autonome, et résultant d'une symbiose socioculturelle-biologique apparue au cours de l'évolution ; et (4) il considère l'émotion comme la marque caractéristique de la conscience. Les émotions ont fait s'éveiller la matière, et elles lui ont permis de produire un esprit dynamique, flexible et ouvert. Selon l'image qu'en donne le matérialisme éclairé, la personne neuronale est véritablement *éveillée*, au sens le plus profond du terme.

2

Le cerveau responsable

*Le libre arbitre et la responsabilité personnelle
à la lumière des neurosciences*

*1. Les défis neuroscientifiques au libre arbitre
et à la responsabilité personnelle*

1.1. L'AXIOME SOCIAL DE LA LIBERTÉ

Tout système de normes qui vise à déterminer comment agir de manière adéquate présuppose, s'il doit avoir une portée pratique, que les êtres humains ont une certaine capacité à *contrôler* volontairement leur comportement ou à l'*influencer* dans une certaine mesure. En d'autres termes, « devoir » implique « pouvoir » – en un certain sens et dans une certaine mesure. En l'absence d'une telle capacité, il n'y aurait en effet aucun sens, en pratique et même en théorie, à faire des recommandations ou à établir des prescriptions. La liberté que nous avons d'influencer volontairement notre nature et notre destin est au cœur de l'identité humaine : être humain signifie, pour un grand nombre d'entre nous, avoir un « *libre arbitre* », être capables de choisir ce que nous faisons, pensons et disons – et également être capables de nous améliorer et de nous développer en tant qu'individus. Nous en faisons l'expérience en fonction des circonstances pratiques dans lesquelles nous nous trouvons ; en un certain sens, nous contrôlons bel et bien nos vies. Même si nous subissons sans cesse certaines contraintes et certains effets qui résultent de nos expériences passées et de notre éducation, nous croyons ou voulons croire que, dans une situation où nous sommes confrontés à un ensemble d'actions possibles, nous sommes, dans une certaine mesure, libres de choisir parmi elles.

Cette expérience du libre arbitre fonctionne également comme un axiome social. On considère en général que la liberté de choisir est une condition nécessaire pour être personnellement responsable, et la responsabilité personnelle est une notion autour de laquelle toutes les sociétés sont construites. Dans ses applications sociales, la responsabilité d'une personne pour une action donnée présuppose que l'action n'était ni contrainte ni forcée mais *volontaire*, de telle manière que l'agent aurait pu, en un certain sens, avoir choisi d'agir différemment. D'un point de vue moral ou légal, nous sommes tenus pour responsables uniquement des actions que nous pourrions en principe ne pas avoir commises.

« Disposer d'une autre voie possible » est une notion centrale de l'idée classique de responsabilité morale. Selon le philosophe G. E. Moore, « la proposition selon laquelle l'agent était moralement responsable [...] *implique* que l'agent *aurait pu* avoir fait un choix différent de celui qu'il a fait[1] ». Cette idée a été l'objet de vastes débats philosophiques. Dans un article désormais classique, Harry Frankfurt a proposé des exemples qui vont à l'encontre du principe selon lequel la possibilité d'avoir réalisé une autre action serait une condition nécessaire de la responsabilité morale et de la liberté[2]. Anthony Freeman adopte, pour sa part, l'idée selon laquelle nous pouvons être personnellement responsables d'actions qui ne résultent pas d'un choix volontaire[3]. L'idée selon laquelle « on pourrait avoir agi d'une autre manière » est à la fois vague et imprécise. Savoir ce que cette prétendue capacité signifie ou implique est une question centrale, que l'on peut approcher de différentes manières : par exemple, en termes de causalité ou en termes d'influences non conscientes. Ce sont principalement ces deux approches qui seront ici adoptées.

Toutes les sociétés humaines, à ma connaissance, présupposent que les individus adultes et en bonne santé puissent être moralement, socialement et légalement responsables de leurs actions, à condition qu'ils aient agi librement et non sous la contrainte. C'est toutefois un problème véritable que de justifier et d'expliquer les conditions dans lesquelles les actions *sont* librement choisies, non contraintes et volontaires. Il est facile de trouver des exemples clairs et précis de coups de (mal)chance *involontaires* : si vous êtes frappé par la foudre alors que vous vous rendez à un rendez-vous, vous n'êtes pas responsable de l'avoir manqué ; si vous gagnez de l'argent à la loterie, vous ne méritez pas d'être félicité pour avoir choisi le numéro gagnant. L'idée ici est que, si vous êtes le sujet d'un simple hasard, de circonstances sur lesquelles vous n'avez *ipso facto* aucune influence, alors vous n'avez aucun contrôle, vous n'avez aucune liberté de choix sur la question, votre volonté n'est pas un facteur déterminant, vous n'agissez pas non plus de manière intentionnelle, et, par conséquent, vous ne pouvez être ni loué ni blâmé pour le résultat[4].

Par opposition à cela, ce qui constitue un acte *volontaire* est moins clair. Des difficultés surgissent en ce qui concerne la distinction entre actions volontaires et actions involontaires ou contraintes, car ce sont là des notions vagues et ambiguës : il y a des zones intermédiaires dans lesquelles il n'est pas clair de savoir si ces notions sont valables ou non, et elles peuvent par ailleurs recevoir diverses interprétations[5].

On peut noter que, selon la manière dont ces termes sont compris, il n'est pas nécessaire qu'un acte volontaire (non contraint) soit intentionnel (délibéré) au niveau conscient. La délibération est une question d'*intention*, de *but*. Si je me comporte sans aucun but conscient, je n'agis pas délibérément, mais je me laisse flotter librement pour ainsi dire – disons que j'erre sans but à travers une forêt. Mais cela ne signifie pas que je suis contrainte de faire ce que je fais de cette manière. Dans un cas de ce genre, je pourrais agir de manière volontaire (sans y être forcée) mais non pas délibérée (dans un but donné). Comment fonctionne cette distinction au niveau non conscient, cela toutefois n'est pas clair – la notion de non-conscient sera discutée en détail plus loin.

À l'inverse, un acte intentionnel n'est pas nécessairement volontaire ; il est possible qu'une intention résulte de forces qui contraignent le choix d'action de l'agent, son choix étant alors délibéré tout en étant contraint. Par exemple, si quelqu'un est dans une colère noire et qu'il se demande pendant un moment s'il va attaquer ou non l'objet de sa colère, et si, suite à cela, il l'attaque effectivement, il semble alors que ce soit une action intentionnelle délibérée, *même si* elle est provoquée par une fureur incontrôlée. Dans certains cas, par exemple dans des cas de démence, on ne considère pas qu'une action consciente et délibérée puisse être tenue pour une action responsable. Ainsi, lorsque Althusser a tué sa femme, il se peut qu'il ait agi consciemment (s'il avait conscience de ce qui se passait) et délibérément (s'il avait l'intention de la tuer) et, pourtant, il se peut qu'il ne soit pas légalement responsable s'il est diagnostiqué comme dément (comme il l'a été). D'une certaine manière, il a agi volontairement, au sens où son esprit dérangé voulait la tuer ; mais parce que cette volonté était (présumée) dérangée, son action n'a pas été considérée comme libre mais comme le résultat contraint de sa démence. Un fou peut planifier un meurtre pendant des mois et le réaliser délibérément et sans contrainte extérieure, agissant en ce sens de manière volontaire – mais une volonté dont on peut diagnostiquer qu'elle est malade n'est pas légalement responsable (en vertu de l'hypothèse selon laquelle elle est soumise à des contraintes internes, je présume). Sur une telle base, la responsabilité est en général évaluée en termes de volonté consciente ou non consciente, *étant donné* un certain degré de maturité et de bonne santé – puisqu'en l'absence de celles-ci, même un acte conscient, volontaire et délibéré n'est pas un acte dont l'agent est responsable. Il est important de remarquer ici que les concepts de maturité et de santé, de même que ceux de normal et de pathologique, ne sont pas faciles à définir. Ils sont ambigus, relatifs et vagues ; ils admettent des cas et des exemples limites pour lesquels il est difficile de déterminer si un état particulier ou une action particulière sont « pathologiques » ou non. Même ainsi, l'idée que je défends reste valable : bien qu'il soit possible que la conscience, la volonté et la délibération soient des conditions *typiques* de la responsabilité, ce ne sont pas des conditions *nécessaires*, même de façon conjointe. Cela étant dit, avoir l'intention de faire ce que l'on fait volontairement et ne pas être forcé de faire ce que l'on fait intentionnellement est probablement le cas le plus fréquent.

1.2. LE PROBLÈME NEUROÉTHIQUE DU LIBRE ARBITRE

Le problème du libre arbitre est l'un des grands problèmes philosophiques ; il a été l'objet de discussions depuis des millénaires, tout comme le problème du corps et de l'esprit que nous avons discuté au chapitre précédent. Il recouvre en réalité un ensemble de problèmes philosophiques, mais la question fondamentale est la suivante : l'être humain peut-il contrôler son propre destin ? Le futur est-il en quelque façon ouvert à notre création, ou bien est-il déjà déterminé par des forces sur lesquelles nous n'avons aucune influence et devons-nous alors nous contenter de le découvrir ? Cette discussion s'est perpétuée au cours de l'histoire et de par le monde, dans la Chine ancienne, en Perse, en Grèce ; et alors même que les questions étaient posées en termes différents selon les différentes époques et en raison de la grande diversité culturelle[6], le souci demeurait toujours le même. Ces discussions philosophiques nombreuses et très détaillées, sur le déterminisme et la causalité par exemple, ou sur la rationalité des actions, ont également fait surface dans les neurosciences contemporaines. Elles trouvent dans celles-ci de quoi s'alimenter et se renouveler de manière intéressante, et c'est là une part importante de la neuroéthique.

Le problème neuroéthique du libre arbitre consiste à expliquer comment la conception selon laquelle les êtres humains sont des individus libres et responsables, conception cruciale d'un point de vue social, peut être reliée aux conceptions neuroscientifiques que nous avons de nous-mêmes et de notre comportement. Est-il raisonnable de croire au libre arbitre lorsque ce que nous expérimentons comme étant un choix libre résulte d'interactions électrochimiques dans le cerveau et est une sorte de programme biologique pour la prise de décision, façonné par l'évolution ? Ou bien le libre arbitre n'est-il qu'une illusion ? Mais, s'il en va ainsi, qu'advient-il de la notion de responsabilité personnelle ?

Certains des auteurs dans ce domaine adoptent une position plutôt pragmatique, et ils affirment qu'il se pourrait bien, à la lumière des neurosciences modernes, que la notion de choix libre soit « une illusion de l'utilisateur du cerveau[7] » ou « une construction fictive[8] » ; mais, puisque « les groupes sociaux fonctionnent au mieux lorsqu'on suppose que les individus sont des agents responsables », cette supposition devrait en conséquence être conservée, qu'il soit possible ou non de donner un sens à la notion de libre arbitre[9]. Si le libre arbitre est « une construction fictive », c'est une fiction qui fonctionne : « tenir les gens pour responsables, c'est la meilleure option dont on dispose[10] ». Cette contradiction apparente entre la connaissance scientifique et ce que l'on décrit comme étant « nos notions intuitives sur la liberté » ne serait pas problématique, selon certains, parce que « les neurosciences ne sont pas en position de renverser nos notions intuitives[11] ».

Je suis en désaccord avec un tel pragmatisme, aussi bien pour des raisons théoriques que pour des raisons normatives. D'un point de vue évolutionniste, je considère qu'il est trompeur de parler de fictions qui fonctionnent (une idée sur laquelle je vais revenir un peu plus loin) ; et, d'un point de vue social, je ne pense pas que l'attitude qui consiste à accepter des illusions pour des raisons pratiques soit satisfaisante, du moins pas dans un tel contexte. Il n'est, à mon sens, pas possible que nos institutions sociales soient fondées sur des présuppositions qui seraient en contradiction totale avec la connaissance scientifique, ou qui feraient appel à des mystères métaphysiques. Il serait absurde et perversement injuste de maintenir un système social sophistiqué de récompense et de punition si nous pensions qu'il n'y a pas de vérité ou de réalité correspondant aux notions de mérite et de culpabilité. Si effectivement la science prouvait, ou rendait très probable, le fait que nous sommes des créatures strictement déterminées et dénuées de tout pouvoir d'influence volontaire sur notre destin, il ne serait alors plus possible de justifier ni l'éloge moral ni le blâme moral, et nos institutions sociales devraient être reconstruites en conformité avec cela.

Certains, comme par exemple Thomas Clark[12], en appellent à un réexamen de la construction sociale du libre arbitre. Dans un esprit semblable, Colin Blakemore affirme que le cerveau humain peut être comparé à une machine et que toutes les actions sont strictement déterminées, de sorte qu'il n'y a aucun sens à parler de responsabilité personnelle. Par conséquent, les institutions sociales telles que le système des lois ne sauraient être justifiées sur la base de l'idée de punition par exemple[13].

Il existe de fait une tendance historique claire qui vise à la reconstruction sociale : avec le progrès de la connaissance scientifique, le domaine de responsabilité de l'individu change, et souvent il diminue. La maladie était autrefois considérée comme la punition divine de quelque péché commis, mais, de nos jours, nous ne reprochons plus au malade d'être malade, du moins pas de manière générale (bien qu'il y ait bien sûr des exceptions, par exemple lorsqu'une personne a agi de manière telle qu'elle est responsable du fait d'être tombée malade). De même, les conditions sociales de la petite enfance contribuent grandement à expliquer le comportement adulte, et nous sommes moins enclins à blâmer quelqu'un pour son comportement délinquant s'il a eu une enfance traumatisante, si par exemple il a été exposé à la violence parentale. Les exemples de cette tendance à prendre en considération un pan beaucoup plus large de l'arrière-plan causal dans l'évaluation de la culpabilité ou du mérite sont nombreux. Les neurosciences peuvent exercer une influence sur les codes légaux des pays de plusieurs manières, comme cela a été décrit par exemple dans un rapport récent de l'Association américaine pour l'avancée de la science (AAAS)[14]. Et la prédiction de Blakemore[15] et de Francis Crick[16], selon laquelle les progrès en neurosciences permettront de traiter par des moyens médicamenteux les comportements non désirés par la société, devient de plus en plus réaliste. C'est l'un des nombreux domaines dans lesquels il est essentiel de maintenir une grande vigilance en ce qui concerne les mésusages des progrès en neurosciences.

Néanmoins, malgré cette tendance à la reconstruction sociale, l'hypothèse sociale selon laquelle les adultes fonctionnels sont, au moins en partie, responsables de certaines de leurs actions et peuvent être de ce fait blâmés ou loués reste universellement dominante.

Il y a, en effet, une différence considérable entre le fait d'affirmer, comme le faisait Épictète, qu'il nous faut prendre l'arrière-plan *en considération* lorsque nous décidons de blâmer ou non quelqu'un pour un acte qu'il a commis[17], et le fait d'affirmer que nous ne pouvons *jamais* ni blâmer ni louer rationnellement personne, car rien de ce que nous faisons n'est jamais sous notre contrôle volontaire.

La question est avant tout théorique, mais elle recouvre également un problème normatif en ce qui concerne le type de société dans lequel nous voulons vivre. Certes, il ne va pas de soi, sans doute, que la liberté et la responsabilité doivent être évaluées de manière absolument positive ; on pourrait, en effet, avoir le sentiment qu'un univers non libre imposerait à ses habitants moins de pression morale. Mais, indépendamment de cette question, je ne prendrai pas parti en faveur d'une société dans laquelle la responsabilité personnelle est tenue pour une fiction commode fondée sur une illusion de liberté. S'il s'avérait injustifié de croire dans le libre arbitre, entendu au sens de contrôle volontaire, je plaiderais pour une restructuration fondamentale des institutions sociales concernées qui tienne compte de ce fait, et je considérerais que c'est une tâche importante pour la neuroéthique que de contribuer à un tel processus. Mais nous n'en sommes pas encore là !

Les idées de libre arbitre et de responsabilité personnelle semblent lancer trois défis théoriques, au moins, aux neurosciences. En se réclamant de celles-ci, on a pu tenir l'expérience du libre arbitre pour « illusoire » au motif qu'elle était (1) une construction du cerveau, (2) causalement déterminée, ou (3) initiée de manière inconsciente. En accord avec le modèle du matérialisme éclairé qui a été présenté au chapitre précédent, et en complément de celui-ci, je proposerai ici un modèle neurophilosophique du libre arbitre selon lequel un acte de la volonté pourra être libre, au sens de « volontaire », même si c'est une construction du cerveau causalement déterminée et influencée par des processus neuronaux non conscients.

La négation de la capacité qu'ont les humains à exercer un contrôle intelligent et volontaire sur leurs actions fait partie, à mon avis, du club des rejets intellectuels absurdes, aux côtés du rejet de la conscience et des aspects émotionnels et neurobiologiques de l'esprit par la science du XXe siècle comme je l'ai décrit au chapitre précédent. Mon objectif dans le présent chapitre est de proposer une conception neuro-philosophique du libre arbitre qui reconnaisse que nous avons le pouvoir d'influencer nos décisions d'une manière telle qu'il est possible de faire place à l'attribution rationnelle de la responsabilité, au moins pour une partie de nos choix. Le libre arbitre humain n'est pas, comme je vais le montrer, « une illusion de l'utilisateur du cerveau », ni « une construction fictionnelle » : c'est une structure neuronale fondamentale, un trait inaliénable de nos conceptions du monde, et il reçoit un support empirique de la part de la théorie de l'évolution et des neurosciences.

2. *Constructions du cerveau et illusions*

2.1. LE LIBRE ARBITRE
COMME STRUCTURE NEURONALE FONDAMENTALE

Admettons, pour les besoins de la discussion, que l'hypothèse de la responsabilité personnelle fonctionne plus ou moins bien dans la société, et demandons-nous alors *pourquoi* elle fonctionne. Les exposés neuroscientifiques sur la manière dont le cerveau développe des modèles de son environnement – sur la manière dont il les teste, examine s'ils fonctionnent bien et procède à leur sélection et à leur stabilisation ou à leur rejet – suggèrent que la raison pour laquelle certains modèles fonctionnent est qu'ils ne sont *pas* « illusoires » mais véridiques, au sens où ils s'adaptent de manière adéquate à d'autres modèles produits par le cerveau et à la réalité dans laquelle ils sont produits[18].

Le cerveau humain conscient, tel que le décrit Gerald Edelman, est essentiellement un organe *intentionnel*, au sens où il est constamment engagé dans la production d'images mentales et de modèles mentaux *de* et *à propos de* son environnement[19]. Jean-Pierre Changeux[20] donne un compte rendu tout à fait détaillé de la manière dont le cerveau teste la vérité ou le caractère adéquat des modèles qu'il construit, et l'idée selon laquelle le cerveau produirait des fictions qui fonctionnent s'accorde mal avec un tel exposé. Au contraire, le fait qu'un modèle fonctionne et permette à l'organisme de bien fonctionner dans son environnement est considéré ici comme un argument en faveur de sa vérité, ou de son caractère adéquat. Les activités du cerveau sont programmées pour *l'ordre* : il organise et catégorise continuellement ses expériences et les images mentales qu'il produit. On trouve un grand nombre d'exposés neuroscientifiques différents de la manière dont le cerveau organise et relie différents stimuli et différentes images en une expérience unifiée (les neurobiologistes appellent cela le *binding problem* ou problème du liage) ; mais il semble qu'il y ait un accord général sur le fait que l'organisation est un aspect essentiel de l'expérience humaine. Les neurosciences modernes viennent ainsi soutenir la conception de Kant selon laquelle l'unité de la conscience présuppose une expérience ordonnée ; et l'expérience d'un être humain est nécessairement organisée selon certaines structures ou catégories[21].

La nature de ces structures dépend de l'*architecture* du cerveau du sujet qui fait l'expérience. Au cœur du matérialisme éclairé qu'ont développé Changeux et d'autres, et que j'ai présenté dans le chapitre précédent[22], on trouve « l'idée selon laquelle la capacité d'organisation est une partie essentielle de la définition même de la matière », et l'idée selon laquelle « le trait essentiel de l'organisation cérébrale qui peut expliquer la genèse de l'expérience subjective [...] est l'*architecture* du réseau cellulaire et moléculaire du cerveau, et les activités qui se déroulent au sein de ce réseau[23] ».

L'évolution de cette architecture cérébrale est à la fois génétique et épigénétique : le système nerveux se développe à l'intérieur d'une « enveloppe génétique », en interaction continue avec les environnements physique et socioculturel immédiats (nous reviendrons plus en détail sur ce point au chapitre 3)[24]. Au cours de l'évolution du cerveau, l'individu développe une conscience grandissante de lui-même comme d'un être distinct de son environnement et en relation avec lui, ainsi qu'une conscience grandissante des expériences qu'il en a en propre. Bien qu'il y ait des variations individuelles en ce qui concerne la manière dont le moi et le monde sont expérimentés, certaines structures sont *fondamentales*. Celles-ci ont un caractère « universel » en tant qu'elles sont spécifiées par avance dans la nature biologique, notamment dans le génome, à la différence des structures relatives à une culture donnée ou à un système symbolique[25]. Ce fait rappelle la conception de Kant selon laquelle les êtres humains doivent expérimenter le monde de manière spatiale et temporelle. Ce n'est pas un fait variable ; c'est, en termes neuroscientifiques, une fonction de la manière dont nos cerveaux sont construits en conséquence de l'évolution. Nous avons l'expérience d'un monde spatio-temporel dans lequel les états et les événements sont spatio-temporellement situés. On peut dire que l'espace et le temps sont *des constructions axiomatiques du cerveau*. Différents individus ayant chacun une perspective unique ont une expérience différente de ces constructions, mais, d'une certaine manière, celles-ci *sont* expérimentées par tous pareillement.

La notion de *contrôle* est étroitement liée à celle d'ordre, et les *Homo sapiens* sont également neurobiologiquement programmés pour faire l'expérience du contrôle. Exercer un certain degré de contrôle sur ses mouvements, sur ses activités et sur ses choix, c'est une fonction évoluée qui représente un atout important pour un animal dans son effort de survie et de reproduction[26]. Le contrôle volontaire permet à un animal de passer de la réaction à l'action intentionnelle, et cette aptitude est un élément fondamental de la conception qu'un être humain a de lui-même et du monde qu'il habite. Lorsque les circonstances le permettent, nous faisons l'expérience de l'exercice de ce contrôle et de notre capacité à *influencer de manière volontaire* notre environnement et nous-mêmes.

Cette expérience de la liberté n'est pas une structure contingente ; elle fait partie, au contraire, de notre constitution biologique. Il se peut que nous soyons libres, ou bien que nous nous sentions libres, et que nous exercions une influence à différents degrés et de différentes manières : c'est une question de circonstances et de personnalité individuelle. Mais le principe reste le même. La liberté de choix et le pouvoir d'avoir de l'influence sur soi-même et sur son environnement sont, comme l'espace et le temps, des constructions fondamentales du cerveau humain, des axiomes de notre expérience.

2.2. L'ARGUMENT DE L'ILLUSION

Beaucoup de gens seront d'accord pour dire qu'ils font l'expérience d'eux-mêmes comme libres et capables d'agir volontairement dans une certaine mesure[27] ; mais tout le monde ne sera pas d'avis que cela est compatible avec l'idée que le libre arbitre est une construction de nos cerveaux, ou avec les tentatives faites par les neurosciences pour expliquer nos expériences de la liberté de manière neuronale[28]. Dans les débats sur le libre arbitre, on trouve fréquemment exprimée la croyance selon laquelle le fait (si c'en est un) qu'une conception soit « simplement » une construction du cerveau ferait en quelque sorte de cette construction une fiction ou une illusion. On distingue ainsi les constructions du cerveau et la réalité, et on tient la causalité neuronale pour une marque de l'illusoire[29].

Il est vrai, sans aucun doute, que le cerveau génère des illusions ; cependant, le fait que la forme ou le contenu d'une expérience soient une construction du cerveau *ne rend pas* du tout pour autant illusoire, erronée ou irréelle l'expérience en question. Plus précisément, dans la mesure où la distinction entre l'illusoire et le réel reste nécessaire pour la survie de l'organisme, tout en étant utile dans la vie courante, nous ne devrions pas considérer que les constructions du cerveau s'opposent à la réalité. Car, si l'on adopte cette façon de penser, il devient impossible de maintenir une distinction entre l'illusion et la réalité, parce que *tout* ce que nous pensons, sentons ou imaginons est neuronal et résulte d'un programme biologique façonné par l'évolution : le monde de notre expérience tout entier deviendrait ainsi illusoire. En d'autres termes, la causalité neuronale ne saurait être la marque de l'illusion, à moins que tout ce dont nous faisons l'expérience soit illusion. Certes, il est possible (et peut-être même probable) que le monde tel qu'il est en lui-même (s'il l'est), indépendamment de toutes choses humaines, ne présente aucune ressemblance avec le monde tel que nous en avons l'expérience (il n'est pas nécessaire que le monde nouménal de Kant, indépendant de la pensée humaine, ait quoi que ce soit de commun avec le monde phénoménal dont les humains ont l'expérience) ; mais ce n'est pas là un objet d'enquête possible. Nous ne pouvons savoir à quoi ressemble le monde indépendamment de nous (ni même s'il est possible de dire qu'il « ressemble » à quoi que ce soit). Alors que le poids de l'empreinte culturelle épigénétiquement stockée dans nos cerveaux est énorme, nous sommes prisonniers de nos cerveaux, comme je l'ai dit au chapitre précédent, et nos cerveaux nous présentent la nature de notre réalité. En ce sens, les constructions du cerveau *sont* notre réalité. Et, en tant que telles, elles ne sont pas illusoires.

Pour être utile, la distinction entre l'illusion et la réalité doit faire référence au monde phénoménal, c'est-à-dire au monde *tel que nous en faisons l'expérience* et, au sein de ce domaine, elle doit désigner une différence entre les constructions du cerveau qui sont illusoires et celles qui sont véridiques. Certaines expériences sont illusoires (par exemple les leurres, les hallucinations, les chimères, les mirages), d'autres ne le sont pas : toutes, cependant, sont produites par nos neurones.

Il s'ensuit que, même si le libre arbitre est une construction neuronale, ce n'est pas *de ce fait* une illusion. Cependant, ne pas être une illusion du fait d'être une structure neuronale fondamentale n'est rien de très substantiel ; cela ne nous dit pas en quoi peut *consister* la liberté de la volonté. Qu'est-ce qui fait d'une volonté une volonté « libre » ? Il se peut que le libre arbitre soit une illusion pour d'autres raisons. S'il n'est pas possible que les structures fondamentales de l'expérience humaine soient illusoires, il est bien possible que les interprétations empiriques que nous en faisons le soient[30].

3. *Libre arbitre et détermination neuronale*

3.1. LES GÉNÉRATEURS DE HASARD CONTRE LES PILOTES AUTOMATIQUES

Une même structure peut être remplie avec des contenus différents et différemment interprétée en fonction des données empiriques disponibles, en fonction de l'esprit du temps, des idéologies, etc. Nous ne concevons plus la matière comme Démocrite, et nous n'opérons plus avec l'espace et le temps newtoniens. La physique quantique a introduit l'indétermination dans la réalité physique, et la logique a fait de même, en développant la notion de vague logique. Des idées nouvelles voient le jour, comme le concept de probabilité en Europe au XVIIe siècle[31], et donnent naissance à de nouvelles conceptions du monde qui évoluent ensuite ; et, alors que toutes ces structures sont limitées du point de vue biologique par l'architecture de nos cerveaux, et bien que toute conception du monde soit le produit de nos cerveaux, les contenus de nos processus neuronaux et les interprétations que nous en donnons sont dynamiques au plus haut point.

La crainte que les choses soient déterminées au-delà de notre sphère d'influence a été une force motrice dans les discussions traditionnelles sur le libre arbitre. Le fatalisme – la croyance selon laquelle le cours de l'histoire est déterminé par un destin auquel on ne peut échapper et sur lequel les humains n'ont aucune prise – est une idée ancienne dans l'histoire humaine et un thème central dans la littérature et la poésie classiques. Les leçons classiques des stoïciens ont combiné, de manière intéressante, un mélange de croyances apparemment paradoxales et incompatibles : d'un côté, la croyance en un destin inévitable auquel on doit obéir de peur de commettre un péché, et, de l'autre, la croyance dans le fait que les humains ont sur eux-mêmes un contrôle imprenable, qu'aucune puissance extérieure ne peut influer sur eux contre leur volonté[32]. Cette contradiction (émotionnelle aussi bien qu'intellectuelle) réapparaît au cours de l'histoire dans des cultures et en des lieux tout à fait différents.

Le débat moderne s'est centré principalement sur la question de la compatibilité ou de l'incompatibilité entre libre arbitre et « déterminisme » ; celui-ci est ici défini comme la doctrine selon laquelle tout ce qui a lieu a *un arrière-plan causal*, ou encore tout ce qui a lieu *est un effet*.

Il nous faut remarquer que cette définition du déterminisme est souvent adoptée conjointement à l'hypothèse que l'effet est *nécessaire*, ce qui fait du déterminisme une sorte de nécessité conditionnelle[33]. Selon certains auteurs ayant écrit sur cette question, le déterminisme est la conjonction des deux thèses suivantes :

(1) Pour tout instant du temps, il y a une proposition qui exprime l'état du monde à cet instant.

(2) Si p et q sont deux propositions quelconques qui expriment l'état du monde à des instants déterminés, alors la conjonction de p et des lois de la nature implique q[34].

Ainsi, « sans restriction temporelle sur p et q [...], si p est une proposition qui exprime l'état du monde à un certain instant du passé, lorsqu'elle est conjointe aux lois de la nature, elle implique chaque fait futur et tous les faits futurs »[35].

Cette définition forte du « déterminisme » ne sera pas utilisée ici. J'utiliserai la définition plus faible formulée plus haut, et je me demanderai précisément si les « lois de la nature » qui concernent la causalité doivent être comprises dans ce sens fort. Ma question n'est donc pas de savoir si le libre arbitre est compatible avec la *nécessité conditionnelle*, mais s'il est compatible avec la *causalité*, en laissant ouverte (au départ) la question de savoir quelle est, du point de vue scientifique, la meilleure interprétation des relations causales.

La question de savoir si le libre arbitre et la causalité sont des notions compatibles a suscité des discussions philosophiques infinies. Certains auteurs affirment que la causalité est un *prérequisit* pour le libre arbitre, puisqu'une absence totale de causes rendrait notre comportement complètement aléatoire et, en tant que tel, impossible à diriger, à contrôler, à prédire ou à expliquer, auquel cas nos choix ne pourraient être ni intentionnels, ni volontaires, ni, en ce sens, libres. D'autres maintiennent au contraire que la causalité est *incompatible* avec le libre arbitre, parce que nos choix seraient alors nécessairement prédéterminés par des causes antécédentes, ce qui ne laisse aucune place pour un contrôle volontaire ou, en ce sens, pour la liberté. Cette dernière conception est souvent appelée incompatibilisme[36]. La tradition philosophique connue sous le nom de libertarisme métaphysique affirme qu'une action ne peut être libre et volontaire que si elle n'est pas causée[37]. Une thèse similaire est défendue par l'existentialisme dans certaines de ses versions, par exemple celle de Sartre[38], qui développe une notion d'acte libre au sens de « sans motif ». Libet affirme que le libre arbitre est illusoire si les « actes que nous voulons consciemment sont entièrement déterminés par les lois de la nature qui gouvernent les activités des cellules nerveuses dans le cerveau[39] ». Une telle idée sera ici rejetée.

On peut faire remonter le premier argument à David Hume : il affirme dans le *Traité sur la nature humaine* (1739) que l'absence de causes parle contre le contrôle volontaire et la responsabilité personnelle plutôt qu'en leur faveur.

> Les actions sont, par leur nature même, temporaires et périssables ; quand elles ne proviennent pas d'une cause déterminée dans le caractère ou dans la disposition de la personne qui les effectue, elles ne s'insèrent pas en celle-ci et ne sauraient lui incomber, tant à son honneur, si elles sont bonnes, qu'à sa honte, si elles sont mauvaises. L'action peut bien être blâmable, elle peut bien être contraire à toutes les règles de la moralité et de la religion ; la personne n'en est pas responsable. Comme cette action ne provenait de rien qui fût durable et constant chez son auteur et qu'elle ne laisse rien non plus de cette nature derrière elle, il est impossible qu'on puisse en faire, sur un tel fondement, l'objet d'un châtiment ou d'une vengeance[40].

Dans l'exposé de Hume, la détermination causale n'est pas seulement compatible de manière cohérente avec le choix volontaire et responsable, mais elle en est un *présupposé*, alors qu'un choix de ce type n'est pas compatible avec l'idée d'un choix sans cause. L'argument de Hume n'a, je crois, jamais été réfuté de manière convaincante[41], et nous pouvons également remarquer qu'il peut être tenu pour valide, que le monde soit déterministe ou non.

On peut faire remonter la seconde position à la Chine ancienne, par exemple, où quatre principales théories déterministes ont prospéré[42], deux d'entre elles étant strictement déterministes : le Mandat immuable des cieux – qui rappelle la croyance grecque en un ordre rigide de l'univers, où chaque être humain est né avec un destin qu'il doit suivre sous peine de commettre le péché mortel de l'*hybris*[43] –, et un déterminisme naturaliste selon lequel le monde fonctionne par nécessité conditionnelle. À l'inverse, deux autres philosophies chinoises déterministes ont tenté de faire une place au choix volontaire : le déterminisme moral, selon lequel les cieux récompensent toujours la vertu et punissent le mal de telle manière que les humains peuvent déterminer leur sort par la façon dont ils choisissent de se comporter moralement, et la conception de Confucius, selon laquelle une partie de la vie humaine est sous notre contrôle alors que le reste est livré au destin. Ces tentatives précoces faites pour marier le déterminisme et la responsabilité morale rappellent Spinoza, qui défendait lui aussi un déterminisme strict dans l'*Éthique*, mais qui semblait avoir reconnu la possibilité d'influencer volontairement son propre destin, puisqu'il définissait la personne libre comme celle qui *cherche* à suivre la raison, comme si c'était là une question de choix[44]. Même cet esprit suprêmement logique a apparemment trouvé que l'idée de détermination stricte était difficile à mettre en œuvre dans une conception du monde cohérente qui admet que l'ambition de s'améliorer a un sens rationnel. D'un point de vue similaire, et normatif, le philosophe Mo Tzu a fermement rejeté sur des bases sociales l'idée d'un déterminisme strict, parce qu'elle constituait selon lui un obstacle au développement social du bien-être humain. Un tel argument réapparaîtra dans les débats sociobiologiques deux millénaires et demi plus tard[45].

D'après l'indéterminisme strict, comme d'après le déterminisme strict, il peut effectivement sembler que notre expérience de la prise de décision volontaire soit une illusion : non parce qu'elle est une construction du cerveau, mais parce qu'elle est une construction *illusoire* du cerveau. Dans les deux cas, il est possible que nous ayons le *sentiment* d'avoir le choix entre différentes actions possibles, mais qu'en réalité il n'en aille pas ainsi : dans le premier cas nous sommes le produit du hasard, dans le second nous vivons sur pilote automatique.

Des théories neuroscientifiques ont cependant été proposées qui, en tant qu'elles sont des théories de la manière dont le cerveau fonctionne, rejettent à la fois l'indéterminisme et le déterminisme strict. Une position neuroscientifique traditionnelle consiste à dire que le cerveau est un système causal et que, en conséquence, tout ce que nous faisons, pensons ou sentons a des causes antécédentes. En d'autres termes, il n'y a pas de processus neuronaux *sans* cause. De ce point de vue neuroscientifique, le cerveau semble fonctionner d'une manière entièrement causale, et « il n'y a aucune preuve de ce que certains événements neuronaux puissent se dérouler sans cause aucune[46] ». Cette affirmation peut prêter à controverse, dans la mesure où la possibilité d'événements aléatoires n'est pas unanimement niée dans les neurosciences. Cependant, même si nous sommes d'accord avec la conception selon laquelle tous les événements neuronaux sont causés, cela n'implique pas un déterminisme strict, car ce ne sont pas là deux options théoriques conjointement exhaustives. Une voie de sortie hors du dilemme « causé ou libre » consiste à affirmer que, logiquement, la causalité implique une forme de détermination dans laquelle la relation entre la cause et l'effet n'a pas besoin d'être invariable ni nécessaire, mais peut être *variable* et *contingente*. (Nous n'avons pas besoin d'argumenter en faveur de la thèse forte selon laquelle les causes ne sont *jamais* des causes nécessaires de leurs effets, puisqu'il suffit qu'elles ne le soient pas *parfois* pour que soit préservée la possibilité théorique d'une influence volontaire sur certains effets futurs. Autrement dit, à première vue, nous n'avons pas besoin d'affirmer que nous disposons toujours de la possibilité théorique d'influencer volontairement le cours des événements pour défendre la thèse que nous le faisons parfois.) Dans les exposés neuroscientifiques de ce type, le cerveau est un système causal, mais pas un système causal invariable qui fonctionnerait selon une nécessité conditionnelle. C'est un système causal dans lequel les choses pourraient en principe avoir été différentes de ce qu'elles sont ; ce que nous n'avons pas fait, nous pourrions l'avoir fait ; ce que nous n'avons pas pensé, nous pourrions l'avoir pensé, etc. En d'autres termes, le déterminisme n'implique pas la nécessité, mais il admet la *variabilité des résultats.*

Ces arguments neuroscientifiques ouvrent la voie au libre arbitre et à la responsabilité personnelle, à l'amélioration de soi et à l'innovation. Dans cette mesure, bien loin de faire peser une nouvelle menace sur la notion de libre arbitre, les neurosciences, en introduisant un élément de variabilité dans la relation causale, peuvent être interprétées en réalité comme venant l'étayer.

3.2. LE THÉORÈME DE VARIABILITÉ NEURONALE

Le cerveau humain a été décrit, dans le premier chapitre, comme « un système neural motivé, génétiquement doué d'une prédisposition à explorer le monde et à classifier ce qu'il y trouve[47] ». Ce système motivé a une activité intense et spontanée, indépendante de son environnement et en interaction avec lui, en tant qu'il est un système autonome qui transmet de l'énergie et produit constamment des représentations qu'il projette sur le monde lorsqu'il teste son environnement physique, social et culturel. J'ai décrit le cerveau conscient comme étant un organe fondamentalement émotionnel et *narratif,* mû par un processus continu d'évaluation et de narration et déroulant sa propre histoire neuronale. Ces processus neuraux fondamentaux d'évaluation ne font pas seulement de l'émotivité un trait fondamental de la conscience, comme je l'ai affirmé, mais ils font également du conflit émotionnel, ou de la *lutte de pouvoir*, un trait neuronal essentiel : lorsque différentes valeurs s'opposent les unes aux autres, l'une d'entre elles sera tôt ou tard sélectionnée (à condition que l'organisme reste actif, et à moins que les deux ne soient écartées). Il apparaît ainsi que le conflit émotionnel, aussi bien au niveau conscient qu'au niveau non conscient, est l'une des bases de l'esprit conscient – et il est important qu'il en aille ainsi, car cette lutte de pouvoir neuronale intrinsèque entre des valeurs contradictoires introduit la question du contrôle et, plus précisément, la question du contrôle volontaire, qui fait l'objet de notre discussion présente. De nombreux neuroscientifiques décrivent le cerveau comme un organe *volitionnel*[48], de manière consciente aussi bien que non consciente – c'est-à-dire comme un organe qui possède une volonté –, et la question se pose alors de savoir comment le cerveau volitionnel fait ses choix.

Une autre caractéristique que les neurosciences attribuent au cerveau, et qui est particulièrement pertinente dans une discussion sur le libre arbitre et sur la causalité, est la *plasticité neuronale*. Selon Changeux, le cerveau se distingue par sa plasticité, ce terme désignant « la capacité générale du neurone et de ses synapses à changer de propriétés en fonction de leur état d'activité ». Il affirme ainsi :

> La plasticité neuronale résulte du fait que les divers mécanismes de transmission de l'information dans le système nerveux sont eux-mêmes régulés par l'activité physiologique pour laquelle ils servent d'intermédiaires, que celle-ci soit spontanée ou provoquée. C'est cette propriété qui confère aux réseaux neuronaux à la fois leur flexibilité fonctionnelle, leur capacité à stocker de l'information et leur capacité à s'auto-organiser[49].

Selon cette description du cerveau, la spontanéité, l'autonomie, la capacité à s'auto-organiser et la plasticité sont donc étroitement reliées. « Ce fait basique, écrit encore Changeux, contredit l'image naïve selon laquelle le cerveau est une sorte d'automate rigide, exclusivement constitué d'engrenages et dont le fonctionnement est entièrement déterminé par avance[50]. » D'après sa description, les connexions cérébrales sont organisées en un gigantesque réseau, dans lequel la distribution spatiale dépend d'un arrangement organisationnel (propre à une espèce) de connexions qui sont, dans une grande mesure, génétiquement déterminées (il s'agit de l'enveloppe génétique) et, *dans le même temps*, cette distribution dépend d'une « réserve de variations aléatoires » qui suffit à assurer la plasticité du réseau et son accessibilité à des *inputs* physiques, sociaux et culturels. Avec ce rejet clair d'une conception strictement déterministe du cerveau et de ses fonctions, le libre arbitre respire une bouffée d'air frais.

L'introduction du hasard dans l'ordre causal n'est pas nouvelle. Les philosophes présocratiques ont tenté d'échapper à la rigidité du déterminisme strict en introduisant un élément de hasard dans les chaînes causales ; c'est une idée qui a été reprise depuis par un certain nombre de philosophes et de scientifiques[51]. Je ne suis pas certaine, cependant, que le concept de « hasard » soit le meilleur terme que nous puissions utiliser ici si ce que nous visons est la plasticité et la variabilité, car ce terme peut facilement être confondu avec celui de « non causé », auquel on l'identifie parfois de manière erronée[52]. Alors que le terme « hasard » peut être interprété de manière non déterministe comme signifiant « non causé », ce n'est pas la seule interprétation possible, et ce n'est pas le sens dans lequel le terme est utilisé dans les exposés neuroscientifiques auxquels je fais ici référence. Dans ces derniers, le hasard doit être compris en termes de *contin-*

gence, c'est-à-dire comme étant compatible avec une forme de *déterminisme plastique* dans lequel les antécédents causaux peuvent produire des *résultats variables*. Cette variabilité suggère une relation non nécessaire, c'est-à-dire contingente, entre cause et effet, sans nier qu'il y ait une relation causale. Puisque les termes « plastique » et « contingent » capturent dans ce cas l'idée exprimée, peut-être le terme « hasard » peut-il être abandonné afin d'éviter toute confusion.

Pour préciser la manière dont j'utilise ici le terme « nécessité » par opposition à « contingence », on pourrait dire que, lorsqu'une cause (un antécédent causal, une chaîne causale ou un ensemble de causes) produit un effet de manière nécessaire, cet effet sera produit par cette cause dans *tous les mondes possibles*[53] (il n'y a pas de monde possible dans lequel cette cause n'aurait pas produit cet effet). Au contraire, si une cause produit un effet de manière contingente, il existe alors un monde possible dans lequel cette cause n'a pas produit cet effet mais un *autre*. C'est ainsi que j'établis cette distinction, de manière logique, en l'appliquant dans ce contexte aussi bien à la possibilité logique que scientifique, car la causalité est ici comprise comme une relation physique et le contexte sur lequel nous concentrons notre attention est celui du cerveau. Par conséquent, les « mondes possibles » doivent être interprétés ici comme étant les « mondes scientifiquement possibles », et pas seulement des « mondes logiquement possibles ».

Le théorème de variabilité, développé par Changeux, Courrège et Danchin, affirme qu'il existe un mécanisme darwinien épigénétique de sélection neuronale qui résulte de la « sélection synaptique » et dans lequel de nouveaux modèles combinatoires sont continuellement produits et testés – c'est là une manifestation neurale concrète de l'activité « créatrice[54] » –, le même message afférent pouvant stabiliser différents arrangements de connexions :

> Différents *inputs* d'apprentissage peuvent produire *différentes* organisations connectives et différentes aptitudes fonctionnelles neuronales, mais la *même* capacité comportementale [...] malgré le caractère entièrement déterministe du modèle[55].
>
> Pour un réseau neuronal donné quelconque, un message afférent unique peut stabiliser différents schémas de connexions et, en même temps, préserver le même *output* ou la même capacité comportementale – et cela malgré le caractère déterministe du modèle[56].

C'est ce qui peut se passer dans le cerveau lorsque celui-ci fait preuve d'une capacité à produire et à propager des représentations du monde qui sont universelles et communicables malgré l'énorme variation phénotypique de la connectivité. C'est là une question importante dans les neurosciences contemporaines, comme je l'ai indiqué précédemment lorsque j'ai discuté la neurosémantique (au chapitre 1)[57]. On a suggéré que l'un des plus grands avantages de la théorie de l'épigenèse par stabilisation sélective des neurones et des synapses au cours du développement est sa capacité à prendre en considération la variabilité[58].

Étant donné que l'expression « totalement déterministe » doit être comprise comme signifiant « entièrement causal », et non pas « provoquant invariablement chaque effet de manière nécessaire » (puisqu'il est possible, dans ce modèle, que le résultat de chaque ensemble de causes soit variable), cette théorie a un avantage supplémentaire : le libre arbitre entre à nouveau en scène. L'introduction de l'activité neuronale spontanée (qui est d'une grande importance du point de vue physiologique, même quand le cerveau est prétendument au repos) et de sa composante contingente contredit l'approche strictement déterministe (fondée sur la nécessité). Si le déterminisme auquel il est possible de donner corps d'un point de vue scientifique est un déterminisme dans lequel la relation entre cause et effet est contingente, et dont les résultats possibles sont variables, je suggérerai que cela suffit à réintroduire un élément de choix volontaire qui puisse servir de base pour la responsabilité personnelle. Car, si l'effet (le résultat) d'un ensemble de causes donné n'est pas prédéterminé, il est théoriquement possible d'*influencer* délibérément le résultat pour l'orienter dans une certaine direction, du moins pour autant que la causalité est concernée. Cela revient à dire que, pour autant que nous ne sommes pas libres d'influer sur notre destin, cela n'est pas dû, si la relation causale est comprise de manière contingente, au fait que tout y est le produit d'une cause. Il reste à rendre compte avec plus de détails de la nature de cette influence ainsi que de la nature de cette contingence causale. Par exemple, est-il justifié d'opérer à différents niveaux avec différents concepts de causalité, et d'argumenter en faveur d'un déterminisme strict à un niveau et en faveur d'un déterminisme contingent à un autre (en distinguant par exemple entre les niveaux moléculaire et cognitif, ou entre la réalité neuronale et la réalité non neuronale, etc.) ? Ce problème doit faire l'objet de recherches interdisciplinaires qui impliquent la physique aussi bien que les neurosciences et la philosophie.

Je conclurai ici, de manière provisoire, que le théorème de variabilité, s'il est correct, fournit un support empirique à l'idée d'une compatibilité entre le libre arbitre et la causalité. Cela serait tout à fait satisfaisant dans une perspective philosophique comme la mienne, qui considère que ces deux notions sont des constructions du cerveau fondamentales et qu'aucune ne peut, en tant que telle, être rejetée hors de notre conception du monde.

Mais le libre arbitre n'est pas sauvé pour autant par l'introduction de la causalité contingente : d'autres menaces proviennent d'autres directions, et notamment du domaine du non-conscient.

4. Le cerveau responsable

4.1. INFLUENCER LE NON-CONSCIENT

L'idée selon laquelle le cerveau et l'esprit humains opèrent en grande partie de manière *non consciente* a vu le jour dans les sciences de l'esprit à la fin du XIXe siècle. La distinction entre le conscient et le non-conscient peut être formulée en termes d'attention (*awareness*) et de non-attention (*non-awareness*) : présence ou absence d'attention ; mais elle peut également être formulée en termes de différents niveaux d'attention, entre ce à quoi l'organisme est consciemment attentif et ce à quoi il est inconsciemment attentif : attention consciente ou attention non consciente. C'est Hermann von Helmholtz (1821-1894), le fondateur de la physiologie de la perception, qui a développé le premier le concept d'attention non consciente en termes d'inférences non conscientes. Ses idées ont donné lieu à une controverse historique complexe qui n'a jamais été résolue : l'opinion dominante à l'époque était que la conscience était requise pour le jugement moral, et l'on considérait par conséquent que les théories de Helmholtz sur la perception comme inférence non consciente menaçaient la moralité, la responsabilité et la justification de l'éloge ou du blâme. L'idée d'un esprit actif et non conscient a été développée quelque temps plus tard par un autre pionnier intellectuel : Sigmund Freud, avec une insistance plus grande sur les émotions et le comportement. Ce dernier affirmait que le comportement humain résulte en grande partie de processus volontaires et émotionnels inconscients[59]. Selon l'usage que faisait Freud du terme « inconscient », il y a une différence entre les éléments inconscients qui peuvent être transformés en états conscients (le « préconscient ») et les éléments inconscients qui ne le peuvent pas (le « véritable inconscient »)[60].

La distinction établie par Freud a été spécifiée ultérieurement par une extension de l'hypothèse de l'espace de travail neuronal développée par Changeux, Dehaene et leurs collègues. Ceux-ci distinguent entre les *traitements subliminaux* du cerveau, « comme condition de l'inaccessibilité de l'information lorsque l'activation *bottom-up* (du bas vers le haut) ne suffit pas à déclencher un état de réverbération à grande échelle dans un réseau global de neurones avec des axones à longue portée », et les *traitements préconscients*, c'est-à-dire « les processus neuronaux qui véhiculent potentiellement suffisamment d'activation pour l'accès conscient, mais qui sont temporairement stockés dans une réserve non consciente en raison d'un manque d'amplification attentionnelle *top-down* (du haut vers le bas ; par exemple, à cause d'un encombrement passager du système de l'espace de travail central)[61] ». En termes de contenu, le non-conscient l'emporte sur les aspects conscients de l'esprit : on s'attend, en effet, à ce que les contenus de l'expérience subjective consciente à un moment donné quelconque (« l'espace de travail à la première personne ») soient plutôt limités, et même à ce que l'activité interne spontanée leur oppose des contraintes d'accessibilité[62]. Le contenu conscient effectif serait plutôt réduit par comparaison avec l'immense espace neuronal de processus non conscients actifs et/ou avec les traces latentes de la mémoire à long terme, implémentées sous forme d'activités synaptiques distribuées à travers notre cerveau et notre corps. Dans cette perspective neurophysiologique, la conscience est simplement, comme l'a proclamé la psychanalyse un siècle auparavant, « la partie immergée de l'iceberg mental[63] ».

D'après l'hypothèse du noyau dynamique développée par Edelman et Tononi, seuls les processus neuraux qui font partie du noyau dynamique (« un processus intégré généré en grande partie dans le système thalamocortical ») peuvent générer un espace neural intégré de dimensions et de complexité suffisantes pour contribuer à l'expérience consciente. Les neurones qui ont affaire avec la régulation de la pression sanguine, par exemple, sont trop simples pour constituer l'expérience consciente ou pour y contribuer. Ils « constituent ce qui est, par essence, un simple arc réflexe[64] ».

Comme le décrit le modèle du matérialisme éclairé que j'ai présenté, l'esprit non conscient est intelligent, actif et motivé. On ne doit pas considérer qu'il est simplement réactif : ce n'est pas parce qu'un acte est non conscient qu'il est comparable à de simples réflexes ou à des réactions automatiques. Le cerveau est actif de façon autonome et spontanée, de manière à la fois consciente et non consciente. Par exemple, lorsqu'il explore son environnement de manière motivée, le cerveau exerce une volition en vue d'un certain but, mais seule une partie minime de ses explorations fait l'objet d'une expérience subjective. Dans une perspective évolutionniste, les aspects non conscients de nos décisions sont non seulement possibles, mais aussi nécessaires : nous représenter, évaluer et initier de manière consciente chaque décision particulière que nous prenons exigerait beaucoup trop de temps ; un organisme de ce genre aurait peu de chances de survie, et sans doute même aucune[65]. De plus, en raison des capacités limitées de la conscience, il est nécessaire que le système libère de l'espace et transfère des contenus dans le non-conscient, par exemple en développant des comportements de routine.

L'hypothèse selon laquelle des mécanismes actifs, intelligents, intentionnels, volitionnels et non conscients seraient à l'origine du comportement a été débattue au XIXe siècle, et elle reste pertinente dans les discussions contemporaines sur le libre arbitre et sur la responsabilité personnelle. Il n'est pas rare d'entendre affirmer que le comportement causé par des processus non conscients n'est pas, dans cette mesure, sous le contrôle de l'agent, auquel cas il serait impossible de dire que celui-ci agit librement ni qu'il est personnellement responsable de ce comportement[66]. Selon cette façon de voir, (1) nous n'exerçons aucun contrôle sur ce dont nous ne sommes pas conscients et nous n'en sommes pas non plus responsables ; (2) il se peut que les actes motivés non conscients soient volitionnels, mais ils ne sont pas *volontaires*, et par conséquent ils ne sont pas libres[67].

De mon point de vue, ces deux hypothèses sont discutables. Certes, nous ne pouvons être tenus pour responsables d'un acte qui est *entièrement* non conscient, au sens où il ne résulte en *aucune* manière de quelque contrôle conscient que ce soit (on peut penser par exemple à une personne agissant pendant un épisode épileptique psychomoteur). Mais un acte consciemment choisi ne pourrait-il pas être entièrement motivé de manière inconsciente ? Et la nature de notre non-conscient n'est-elle pas également, au moins dans une certaine mesure, le résultat de notre influence consciente et volontaire ? Certains auteurs tiennent pour acquis que l'individu ne doit avoir aucun contrôle sur les processus non conscients[68], mais je ne suis pas de cet avis. Selon moi, les injonctions non conscientes sont dans une certaine mesure consciemment choisies, et elles sont, en ce sens, libres et relèvent de notre responsabilité. Je montrerai que la distinction importante en ce qui concerne le libre arbitre et la responsabilité personnelle est celle qui existe entre le volontaire et le non volontaire, et qu'elle peut être tracée *à la fois* dans le domaine mental conscient *et* dans le domaine mental non conscient[69].

L'enjeu essentiel ici est de clarifier le rôle que la conscience est censée jouer dans un acte qui vaut comme « libre », ainsi que le rôle qui peut être attribué au non-conscient (s'il est possible de lui en attribuer un).

Les expériences neuroscientifiques réalisées dans les années 1960 et 1980 ont nourri ce débat. En 1965, Kornhuber et Deecke, deux neuroscientifiques, ont effectué des expériences suggérant qu'un *potentiel de préparation* non conscient (*Bereitschaftspotential*) précède d'environ une seconde les actes volontaires[70]. Sur la base de ces expériences, Kornhuber a affirmé qu'il n'était pas nécessaire que la volition soit une manifestation de l'attention consciente, autrement dit que le cerveau est volitionnel de manière non consciente[71]. En 1983, d'autres expériences réalisées par le neuroscientifique Benjamin Libet et ses collègues ont suggéré de même que les actes de la volonté sont précédés par un potentiel de préparation qui surgit dans le cerveau quelque 350 millisecondes avant que le sujet prenne conscience de la décision[72]. Selon Libet, cela signifierait que les actes volitionnels sont initiés de manière non consciente, et que, dans cette mesure, ils ne peuvent être « libres », puisque les décisions libres et volontaires doivent être conscientes. Cependant, il ne voyait pas là une réfutation complète du libre arbitre parce que, selon lui, même si l'acte en question n'était pas initié de manière consciente, des actes conscients de la volonté avaient encore le pouvoir d'arrêter la décision avant qu'elle ne mène à une action effective. Le libre arbitre demeurait, sous la forme *d'un pouvoir d'empêchement ou de déclenchement* :

Les actes libres volontaires sont précédés par une modification électrique spécifique dans le cerveau (le « potentiel de préparation », PP) qui commence 550 millisecondes avant l'acte. Les sujets humains prennent conscience de l'intention d'agir 350-400 millisecondes *après* que PP a commencé, mais 200 millisecondes avant l'acte moteur. Le processus volitionnel est par conséquent *initié* de manière inconsciente. Mais la fonction consciente pourrait encore contrôler le résultat : elle peut empêcher l'acte. Le libre arbitre n'est par conséquent pas exclu. Ces résultats font peser certaines contraintes sur nos conceptions de la manière dont le libre arbitre peut opérer : il ne serait pas à l'origine d'un acte volontaire, mais il pourrait *contrôler* la réalisation d'un tel acte[73].

D'après cette conception du libre arbitre, selon laquelle un acte ne peut valoir comme libre que dans la mesure où il est conscient, et où toute décision est initiée de manière non consciente, la liberté de la volonté consisterait à agiter un drapeau rouge ou vert, tel un chef de gare laissant passer ou non les trains.

Les méthodes expérimentales de Libet ont fait l'objet de nombreuses critiques[74], par exemple en ce qui concerne le chronométrage des sensations ou des intentions conscientes[75], et ses résultats proclamés ont suscité d'amples controverses avec de nombreuses interprétations contradictoires[76]. Une critique importante, que Libet admet lui-même, est que l'empêchement ou le déclenchement peuvent également être initiés de manière non consciente : « rien dans nos nouvelles données n'implique qu'un empêchement ou un déclenchement conscients ne soient pas eux-mêmes initiés par des processus cérébraux antérieurs[77] ». Dans ce cas, selon Libet lui-même, le libre arbitre ne saurait exister, même pas à titre de pouvoir d'empêchement ou de déclenchement. Mais, d'un autre côté, on peut objecter, à l'instar de Dennett, qu'aucune donnée expérimentale ne nous prouve que les processus non conscients ne sont pas eux-mêmes consciemment déclenchés[78]. C'est également ma position : même si les méthodes expérimentales de Libet sont suffisamment adéquates pour montrer que les décisions conscientes d'agir sont précédées par ce « potentiel de préparation » non conscient, elles ne prouvent pas que la conscience n'est pas instrumentale à une étape antérieure, d'une manière qui conserve au libre arbitre un rôle qui va bien au-delà du pouvoir de déclenchement/empêchement.

Je conviens que, pour être des agents libres et responsables, nous devons exercer un certain contrôle sur notre comportement et que, à en juger à partir des données aujourd'hui disponibles, il paraît scientifiquement et philosophiquement justifié de croire que nos actions sont en grande partie le résultat de processus non conscients. Néanmoins, je ne vois pas pourquoi il faudrait que le contrôle soit incompatible avec l'existence de mécanismes non conscients de ce type. Je pense[79] que, dans une certaine mesure, nous exerçons bel et bien un contrôle sur les contenus et les influences de notre non-conscient, et que nous en sommes également responsables : certains de nos états et processus non conscients relèvent de notre pouvoir, comme les stoïciens l'avaient déjà souligné de façon préfreudienne. Il se peut que la conscience ne soit rien d'autre que « la partie émergée de l'iceberg mental », mais cette partie émergée est étroitement reliée au reste, et elle n'est nullement impuissante face à ce reste. Des mécanismes du cerveau, dont nous n'avons pas conscience, sous-tendent nos expériences conscientes, notamment des émotions non conscientes, des processus cognitifs et des souvenirs non conscients ; à aucun moment nos états et processus neuronaux conscients ne sont causalement déconnectés de ces mécanismes non conscients[80]. Mon idée, cependant, est que cette influence et ce rapport entre le conscient et le non-conscient sont, dans une certaine mesure, *mutuels*, et non pas unilatéraux. Il semble raisonnable de supposer que le conscient et le non-conscient, loin de désigner des domaines opérationnellement séparés, avec une inférence causale unilatérale du second sur le premier, opèrent au contraire en corrélation l'un avec l'autre, et que c'est là le résultat de l'évolution (même si, il faut le souligner, cette influence réciproque n'est pas symétrique). L'hypothèse selon laquelle il est possible d'influer consciemment sur les mécanismes mentaux non conscients est un présupposé crucial pour tout programme d'apprentissage, d'éducation, d'amélioration de soi, ou de thérapie. Par exemple, lorsque nous enseignons à nos enfants la maîtrise de soi, nous leur apprenons à contrôler leurs pulsions liées à la faim, à la colère, à la peur, ou à tout désir né de mécanismes non conscients[81]. C'est également un présupposé fondamental de la thérapie comportementale. Nous *modelons* nos personnalités, processus dans lequel le non-conscient occupe une place importante. Nous ne nous contentons pas de contrôler le comportement, mais nous cherchons à influer également sur les mécanismes sous-jacents. Les personnes qui ont du mal à agir sur leurs mécanismes non conscients sont, en règle générale, dans une position sociale de faiblesse, dans la mesure où elles deviennent victimes des contenus de leurs esprits plutôt qu'elles ne les maîtrisent. Il existe clairement certains mécanismes sur lesquels il est, pour tout le monde, extrêmement difficile d'agir (le désir sexuel et la peur en sont des exemples classiques) ; mais admettre que presque tout le monde trouve qu'il est difficile d'agir sur certaines choses ne revient pas à dire que personne ne peut agir sur rien. En restant dans l'éventail limité de nos capacités, les êtres intelligents et en bonne santé peuvent développer leur personnalité aussi bien de manière consciente que de manière non consciente, à la fois au niveau conscient et au niveau non conscient. Outre le bien-être personnel que la force mentale contrôlée peut procurer, la promesse d'un avantage social est peut-être l'une des raisons pour lesquelles l'éducation des enfants met l'accent de manière si importante sur le développement de la maîtrise de soi et de la force mentale. Cela rend également compte d'un élément très important de la notion stoïcienne de vertu, décrite avec éloquence par les stoïciens romains Épictète et Sénèque.

De mon point de vue, il faut considérer la question de savoir si un acte spécifique est volontaire ou non dans une perspective beaucoup plus large que celle du moment où a lieu l'acte en question. Afin de déterminer les rôles respectifs des mécanismes conscients et non conscients dans la production d'un acte donné, il ne suffit pas de se demander si les causes ou l'initiation immédiates de cet acte sont non conscientes (à supposer qu'elles puissent être identifiées) ; nous devons également nous demander si ces causes sont elles-mêmes des effets de causes contrôlées de manière consciente ou non consciente, et ainsi de suite. En d'autres termes, il faut prendre en considération la possibilité que des mécanismes causaux conscients sous-tendent des mécanismes causaux non conscients. Si, comme je l'affirme, le rapport entre le non-conscient et le conscient est plus adéquatement décrit comme mutuel (bien que non symétrique), il me semble alors que la présence de mécanismes non conscients ne constitue pas une grande menace pour le libre arbitre, contrairement à ce que l'on a parfois affirmé. Je suis prête à accorder que les vastes parties non conscientes dans nos esprits constituent un défi considérable pour ce qui est de l'influence et du contrôle conscients, mais je ne suis pas prête à admettre que les parties conscientes (si limité que puisse être leur contenu) puissent être dissociées du non-conscient pour ce qui est de l'influence consciente. Certes, le non-conscient représente un *défi* pour le contrôle conscient, et sans doute il le réduit de façon drastique dans de nombreux cas, mais il ne l'exclut pas en principe.

Spinoza pourrait bien avoir eu raison d'affirmer que notre sentiment de liberté résulte en grande partie de notre ignorance des mécanismes qui nous déterminent. L'étendue de notre liberté pourrait être, en fait, beaucoup plus limitée que nous ne le croyons, ou ne sommes prêts à l'admettre. Cependant, cela est loin de faire de nous des pilotes automatiques sans liberté de choix aucune. Pour autant qu'il y a de la variabilité dans les relations causales (c'est-à-dire aussi long-temps que le déterminisme inclut la variabilité) et qu'il est possible d'influencer consciemment nos mécanismes neuraux non conscients, je maintiens qu'il peut y avoir une dimension fondamentale de liberté dans nos choix. Un certain degré de variabilité et de contrôle suffit à préserver la possibilité du libre arbitre sous certains aspects, et laisse ouverte la question de savoir quelle est l'étendue de la liberté que nous possédons effectivement.

La question se pose alors de savoir s'il est raisonnable d'affirmer que seules les décisions conscientes peuvent être adéquatement décrites comme libres[82]. Il me semble que, dans les discussions sur le libre arbitre, le rôle de la conscience est quelque peu surestimé[83] (ce qui est tout à fait intéressant, à la lumière de la perspective historique présentée au chapitre précédent, qui décrivait des attitudes exactement opposées). Il est vrai que la volition doit être rattachée à un sujet – une volonté doit appartenir à un sujet, à un soi ; mais la liberté de la volonté n'implique-t-elle nécessairement que les dimen-sions conscientes de ce moi ?

Je ne le crois pas. Indépendamment de l'alternative entre l'adoption ou le rejet de la notion de libre arbitre, réduire le « moi » aux capacités d'un « agent libre », indépendamment de toutes les activités non conscientes du cerveau serait, selon moi, un acte d'autocastration, étant donné que l'immense majorité des processus émotionnels et cognitifs se déroulent de manière non consciente, l'attention consciente n'étant qu'une petite partie du gigantesque iceberg mental. Le reste de l'iceberg – les processus neuraux non conscients – est actif, intelligent, évaluatif, autoévaluatif, émotionnel ; il est autonome, plastique, il a des préférences, des motifs, et, sans doute, une personnalité. Pourquoi ne devrait-il pas avoir un libre arbitre ? Qu'est-ce que la volonté si ce n'est la capacité de désirer, et qu'est-ce que le libre arbitre si ce n'est la capacité de s'efforcer de satisfaire ce désir de manière sélective ? Si l'on admet que le cerveau est émotionnel de manière non consciente et actif de manière autonome, pourquoi n'aurait-il pas une volition non consciente ? Et, s'il a cette volition, pourquoi ne pourrait-on qualifier celle-ci de « libre », au sens de : capable d'effectuer des choix contrôlés ? Selon la description du cerveau que donne le matérialiste éclairé, il semble que cet organe soit tout à fait capable d'exercer un contrôle et de faire des choix volontaires. Le cerveau est libre *par nature* : la liberté de choix (l'action volontaire) est un *trait fondamental* du cerveau ainsi conçu. Cela nous ramène à ce que j'ai dit au début : le libre arbitre est une structure neurale fondamentale, une structure axiomatique, dans notre expérience aussi bien que dans les sociétés que nous créons. Cette position philosophique est, j'espère l'avoir montré, empiriquement fondée.

Comme je l'ai dit plus haut, la lutte de pouvoir neuronale intrinsèque entre des valeurs contradictoires soulève le problème du contrôle volontaire, et la question se pose de savoir comment le cerveau volitionnel effectue ses choix. J'ai argumenté en faveur d'un modèle dans lequel nous *pouvons* exercer, dans une certaine mesure, un contrôle volontaire conscient sur certaines influences non conscientes qui s'exercent sur notre comportement, et j'ai tenté de montrer que les décisions non conscientes *peuvent* être adéquatement décrites comme volontaires et, en ce sens, comme libres (cela résulte pour partie de notre capacité à exercer un contrôle volontaire conscient, et pour partie de la sophistication émotionnelle et cognitive de ces décisions). Dans ce modèle, il peut être fructueux de concevoir le libre arbitre comme la capacité d'*acquérir un pouvoir causal,* combinée à la capacité d'*influencer l'usage* de ce pouvoir[84]. De ce pouvoir d'influencer les actions découle la responsabilité.

Si nous pouvons influencer et, en ce sens, contrôler notre non-conscient, nous sommes par là même responsables des choix que nous faisons de manière non consciente : nous sommes personnellement responsables de comportements qui résultent d'influences non conscientes, ou nous *pouvons l'être.* La compatibilité de la liberté et de la responsabilité, d'une part, et des influences non conscientes sur notre comportement, d'autre part, est assurément un élément en faveur de ce modèle, étant donné que notre esprit non conscient influe sur tout ce que nous faisons, et que le libre arbitre et la responsabilité sont des axiomes sociaux aussi bien que des traits inaltérables de l'expérience humaine. En conséquence, étant donné un certain degré de maturité et de bonne santé, le cerveau peut être décrit comme un *organe responsable*[85] – en admettant que la description du cerveau que donne le matérialisme éclairé et que j'ai présentée au chapitre précédent est exacte.

Si le cerveau est considéré comme un dispositif automatique rigide dont les opérations sont entièrement déterminées, ainsi que l'ont soutenu certains auteurs[86], il n'y a aucun sens à lui attribuer la moindre liberté ou responsabilité. Tout ce que je viens de dire sur la liberté et la responsabilité en référence aux neurosciences, et tout ce que j'ai avancé précédemment sur le cerveau conscient et la matière éveillée, fait référence à des modèles complètement différents, développés notamment par Changeux, Dehaene, Edelman et LeDoux. Ces modèles, indépendants mais complémentaires, décrivent le cerveau comme dynamique, plastique, variable, volitionnel, émotionnel et actif de *manière consciente et non consciente* ; ils soulignent et mettent en lumière l'impact de la société sur l'architecture du cerveau, notamment par l'intermédiaire des empreintes culturelles qui y sont épigénétiquement stockées ; et ils sont, dans la perspective philosophique que je défends, tout aussi attirants, convaincants et utiles que les modèles mécanistes en termes de réseaux artificiels sont creux et non convaincants d'un point de vue scientifique. Dans les deux premiers chapitres, ces différents modèles du cerveau ont été examinés dans une perspective historique, idéologique, philosophique et sociale, d'une manière qui, je l'espère, a renforcé la crédibilité du modèle dynamique en montrant son bien-fondé, sa valeur explicative et son utilité. Cependant, ces arguments présentent de nombreuses faiblesses que j'ai déjà énoncées mais qu'il vaut la peine de rappeler : en particulier, notre ignorance des processus neurobiologiques dont nous parlons, les difficultés impliquées dans l'opération de synthèse conceptuelle où nous devons faire usage d'approches pluridisciplinaires et passer d'un niveau à un autre (par exemple du niveau moléculaire au niveau cognitif), et enfin nos limitations épistémiques générales lorsqu'il s'agit de décrire la réalité. Tout cela constitue autant de facteurs qui nous appellent à rester modestes.

La recherche de principes faisant le lien entre différents niveaux d'explication et différents types de connaissance sur l'esprit et le cerveau, et permettant d'*unifier* notre compréhension de nous-mêmes et des sociétés que nous créons, est un motif récurrent et une force motrice pour le modèle neurophilosophique du matérialisme éclairé. Inversement, le motif récurrent dans les conceptions auxquelles s'oppose ce modèle est celui de la *dissociation*[87] : dissociation béhavioriste d'avec la conscience, dissociation cognitiviste d'avec les émotions et le cerveau biologique, dissociation scientifique d'avec le libre arbitre et, un peu plus difficile à repérer, dissociation du moi en tant qu'agent libre et responsable d'avec le non-conscient, ainsi que je viens de le décrire. D'où vient ce besoin, historiquement récurrent, de nous séparer de nos caractéristiques les plus profondes ? D'une envie de contrôle, peut-être, et de la peur de le perdre ; mais la réponse touche vraisemblablement quelque chose de plus profond.

Henry Stapp (1999) affirme que la bataille sur le libre arbitre voit s'opposer ceux qui croient que les pensées conscientes guident le comportement et ceux qui croient que nous sommes des systèmes mécaniques, gouvernés de manière automatique par des lois de la nature impersonnelles. J'ai tenté de montrer ici que cette dichotomie est inadéquate : nous n'avons *pas* à choisir entre une conception mécaniste de nous-mêmes comme automates et une description non neurale, non physique, de l'action libre. Les travaux des neurosciences[88] « livrent les premières données à l'appui de l'idée que le cerveau dispose bel et bien des ressources neurales pour accomplir ce que l'on pensait jusqu'à récemment ne pouvoir être accompli que par un agent mental se contrôlant lui-même[89] ». Il est tout à fait erroné de prétendre que les neurosciences doivent conduire au mécanisme, si cela est censé impliquer que le cerveau serait une sorte d'automate rigide, exclusivement constitué de rouages neuronaux opérant de manière entièrement prédéterminée. Il se peut que certains neuroscientifiques défendent une telle position, mais elle est loin d'être adoptée de manière universelle ou non controversée. (Cette erreur, qui consiste à simplifier la science jusqu'à en donner une image fausse, rappelle celle que nous avons discutée au chapitre précédent, qui consistait à affirmer que les neurosciences doivent être éliminativistes ou qu'elles doivent adopter un réductionnisme naïf en ce qui concerne la conscience.)

J'ai montré d'une part que la liberté est un trait fondamental du cerveau, puisqu'il a la capacité d'agir de manière volontaire, et, d'autre part, que cet espace de liberté est limité de manière importante par des mécanismes causaux, en grande partie non conscients, sur lesquels nous n'avons de fait qu'une influence très limitée, et parfois même aucune. Il n'y a là aucune contradiction : j'affirme que la *capacité* que nous avons *en principe* de choisir librement (de manière volontaire, contrôlée) est une caractéristique fondamentale du cerveau, alors que la plupart de nos choix *effectifs* sont probablement bien moins volontaires et contrôlés qu'ils ne semblent l'être. (Un domaine de recherche important a pour objet la mesure de ce contrôle.) Ces deux conceptions combinées conduisent naturellement à une plus grande tolérance envers les situations difficiles dans lesquelles les humains peuvent se trouver, et permettent d'éviter la conception mécaniste selon laquelle les êtres humains sont des automates enchaînés et irresponsables. Nous avons fondamentalement la capacité d'être libres, et nous sommes responsables de la manière dont nous en faisons usage ; mais l'*étendue* de notre liberté et de notre responsabilité est limitée : le nombre d'influences sur lesquelles nous n'avons aucun contrôle est tel que l'éloge et le blâme devraient être appliqués avec précaution, s'ils doivent l'être. En d'autres termes, la recommandation d'Épictète reste valable : nous devons nous abstenir de louer ou de blâmer tant que nous n'avons pas une connaissance suffisante de l'arrière-plan causal.

4.2. RÉSUMÉ

Les idées de libre arbitre et de responsabilité personnelle fonctionnent comme des fondements sociaux. Toutes les sociétés humaines présument que les individus adultes et en bonne santé sont moralement, socialement et légalement responsables de leurs actions, à condition qu'ils aient agi librement et non sous la contrainte. Le libre arbitre est également une caractéristique de base de l'expérience humaine, une structure neuronale fondamentale comme l'espace, le temps et la causalité. L'expérience du libre arbitre a été tenue pour « illusoire » en raison notamment du fait qu'elle était (1) une construction du cerveau, (2) causalement déterminée ou (3) initiée de manière non consciente. En continuité avec le modèle du matérialisme éclairé que j'ai présenté au chapitre précédent, et dans son prolongement, j'ai suggéré ici un modèle neurophilosophique du libre arbitre dans lequel un acte de la volonté peut être « libre » au sens de « volontaire », même si c'est une construction du cerveau causalement déterminée et influencée par des processus neuronaux non conscients. La causalité contingente est compatible avec la liberté de choix ; c'est là un modèle auquel le théorème neuroscientifique de variabilité apporte un soutien empirique. Le comportement causé de manière contingente par des processus neuronaux non conscients peut valoir comme « volontaire », si l'on fait l'hypothèse d'une influence mutuelle des processus neuronaux volitionnels conscients et non conscients. La volition non consciente, tout comme la volition consciente, peut être influencée de manière volontaire ; toutes deux peuvent par conséquent impliquer la responsabilité : nous pouvons être personnellement responsables de l'influence que nous exerçons sur des états et des processus neuraux conscients et non conscients, et, en ce sens, nous sommes responsables de certaines des choses que notre non-conscient nous fait faire. Selon cette présentation, la volition non consciente n'est pas, par principe, exempte de responsabilité morale. Étant donné un certain degré de maturité et de santé, le cerveau humain volitionnel, tel qu'il est incorporé dans un contexte culturel, social et historique, est un organe responsable.

Ma conclusion, en un mot, est que les êtres humains peuvent agir comme des agents libres et responsables tout en étant causalement déterminés de manière contingente et influencés par des processus non conscients qui ne sont pas entièrement hors de portée du contrôle conscient ; et, également, que les neurosciences, plutôt que de faire peser une nouvelle menace sur nos idées inaliénables de libre arbitre et de responsabilité personnelle, peuvent être interprétées comme venant apporter un soutien empirique à cette théorie philosophique.

3

La base neurale
de la moralité

La pertinence normative des neurosciences

1. *Le cerveau évaluatif*

1.1. ÉVALUATEURS-NÉS

Dans les deux chapitres qui précèdent, j'ai analysé différentes conceptions du cerveau dans une perspective historique et philosophique, d'une façon qui, je l'espère, aura renforcé la crédibilité de ce que l'on a appelé le modèle du matérialisme éclairé[1] quant à son bien-fondé, sa valeur explicative et son utilité. J'ai montré que le matérialisme éclairé donnait une explication plausible de la manière dont le cerveau a donné naissance à la conscience, et de la manière dont cela distinguait l'être humain de tout autre organisme actif non conscient pouvant présenter un comportement complexe[2]. J'ai également montré que l'on pouvait interpréter le matérialisme éclairé comme venant étayer les notions morales fondamentales d'activité créatrice, de libre arbitre (au sens de choix volontaire) et de responsabilité personnelle[3]. Mon objectif dans ce chapitre est d'analyser plus en détail la *pertinence* des neurosciences pour notre compréhension de la nature et du développement de la pensée morale et du comportement moral, et également de décrire certains aspects centraux de la base neurale de la moralité, conformément à la connaissance que nous en avons actuellement.

Contrairement à la conception selon laquelle le cerveau est un dispositif automatique rigide dont les opérations sont strictement déterminées, le modèle du matérialisme éclairé dépeint le cerveau comme un organe plastique, projectif, narratif de manière créatrice et actif de manière autonome, qui résulte d'une symbiose socioculturelle-biologique apparue au cours de l'évolution[4]. Les idées centrales du matérialisme éclairé sont les suivantes : on ne peut comprendre l'esprit sans faire appel à la biologie, la conscience est un élément irréductible de la réalité biologique, et le cerveau est un système émotionnel sélectif, dans lequel les valeurs sont incorporées comme des contraintes nécessaires. Aucun être humain ne transcende sa nature biologique et, d'un point de vue biologique, aucune créature dotée d'un cerveau ne naît sans valeurs[5].

L'*évaluation* s'avère être un trait fondamental du cerveau ainsi conçu. Sans aucune valeur ni aucune capacité à évaluer des stimuli, un système ne peut apprendre ni se souvenir : afin d'apprendre, il doit préférer certains stimuli à d'autres. Cette idée classique de la théorie de l'apprentissage a été exprimée en termes neuronaux par Dehaene et Changeux[6], ainsi que par Edelman dans son exposé sur la conscience primaire[7]. Selon ces derniers, l'apprentissage est une modification du comportement qui résulte de la catégorisation cérébrale des stimuli en termes de valeurs positives ou négatives, et les systèmes de valeurs et les émotions sont conçus comme étant essentiels aux travaux de sélection du cerveau.

Les hypothèses sur l'acquisition de connaissances suggèrent, en outre, que des préreprésentations, qui surgissent spontanément dans le cerveau, sont sélectionnées par des signaux de récompense en tant que représentations confirmées à la fois par l'expérience externe et par des processus d'évaluation internes à un espace de travail (ou réseau) neuronal conscient[8]. De tels « modèles du monde » sont stabilisés au moyen de « jeux cognitifs » en tant que traits permanents de l'appareil cognitif en développement[9]. L'évaluation et l'« anticipation de la récompense », dans la mesure où elles introduisent un délai entre l'élaboration tacite de plans d'action et l'interaction effective de l'organisme avec le monde, constituent par conséquent un stimulus important pour l'apprentissage[10], qui suppose pour sa part de pouvoir distinguer les états temporels suivants : la conscience du présent, le souvenir du passé, l'anticipation du futur. L'anticipation de la récompense est également une caractéristique importante pour la neuroéthique, car c'est un élément constitutif de la base neurale de la moralité. Par opposition à cela, un système non émotionnel est purement passif et incapable d'auto-organisation ou d'évaluation ; il ne peut avoir aucune sensibilité aux signaux de récompense, il n'est pas capable d'anticiper la récompense et, par conséquent, selon la présentation qui vient d'en être donnée, il serait incapable d'apprendre. En d'autres termes, les valeurs et les émotions sont des traits fondamentaux du cerveau actif de manière autonome.

Là se trouve le germe de la moralité : sans émotions ni préférences, il ne pourrait y avoir aucune moralité ; celle-ci présuppose la capacité à sélectionner de manière préférentielle. Le lien évolutionnaire entre la conscience et la capacité du cerveau à avoir des émotions est par conséquent d'une importance fondamentale pour la neuroéthique. Nos différentes formes de moralité sont des systèmes de valeurs évolués qui nous permettent de fonctionner dans notre environnement. D'un point de vue éthique, il est important de savoir que les processus neuronaux d'évaluation (évaluation des pré-représentations, évaluation des stimuli, anticipation de la récompense, etc.), ainsi que la capacité à avoir des émotions qu'impliquent de tels processus, sont des caractéristiques fondamentales de nos cerveaux. On pourrait dire que nous avons une *prédisposition neurobiologique* à développer des systèmes de valeurs complexes et variés, notamment de valeurs morales, qui nous permettent de fonctionner dans nos environnements physique, social et culturel.

D'après le modèle du matérialisme éclairé, le cerveau se distingue en outre par sa plasticité, par la capacité des neurones et de leurs synapses à changer de propriétés en fonction de leurs états d'activité, et par une variabilité neuronale qui suggère une forme de déterminisme plastique dans lequel des antécédents causaux peuvent produire des résultats variables. Cela signifie que, dans une perspective évolutionniste telle que celle du matérialisme éclairé, notre propension à émettre des jugements moraux et notre capacité à faire des choix moraux libres et responsables ont un sens logique et pratique aussi bien que biologique.

Il me semble que seul le modèle du matérialisme éclairé, qui prend en considération les émotions et la vie mentale libre et créatrice, est pertinent pour comprendre l'évolution de la pensée morale – ou, à vrai dire, de *toute* évaluation avancée. Si l'on considère le cerveau comme un réseau artificiel rigide dont les opérations sont strictement déterminées – cette image a prévalu notamment dans les sciences cognitives durant la période fonctionnaliste –, il n'y a aucun sens à attribuer aux activités du cerveau la moindre créativité, la moindre capacité d'évaluation projective, ni la moindre liberté ou responsabilité. Dans cette mesure, les neurosciences n'auraient aucune pertinence pour l'éthique ou la philosophie morale : les automates ne sont pas des agents moraux. Cependant, comme nous l'avons montré au chapitre 2, nous ne sommes pas obligés de choisir entre l'adoption d'une conception mécaniste de nous-mêmes comme des automates et celle d'un compte rendu non neural et non physique de l'action libre : le matérialisme éclairé offre une troisième voie, à mon sens bien plus plausible, qui rend compte de l'action libre et créatrice en termes neuraux et physiques.

L'idée selon laquelle l'évolution et la sélection naturelle ont donné naissance à une architecture cérébrale par essence émotionnelle et évaluative, avec une propension à émettre des jugements moraux et à faire des choix libres et responsables, ouvre la voie à des explications neurobiologiques plus élaborées de la pensée morale, qui vont au-delà de l'énoncé, trivial convenons-en, selon lequel toute pensée est incorporée et a pour base un cerveau, y compris la pensée morale. Une question supplémentaire, importante du point de vue théorique comme sur le plan pratique, est de savoir si l'espèce humaine, en tant que telle, a une tendance neurobiologiquement conditionnée à développer un type particulier de moralité et de valeurs partagées. Si aucune créature n'est née sans valeurs, comme l'affirment Changeux et d'autres, la question se pose naturellement de savoir s'il y a des valeurs avec lesquelles sont nées toutes les créatures. Le fait (si c'en est un) que nous sommes nés comme des créatures évaluatives par essence ne signifie pas nécessairement que nous sommes tous nés avec exactement les *mêmes* tendances évaluatives ou préférentielles – je veux parler ici des tendances à développer certaines préférences ou à adopter certaines valeurs.

Dans ce chapitre, je suggérerai que certaines tendances évaluatives font partie de notre identité neurobiologique, telles que l'intérêt pour soi-même, l'orientation du contrôle, la dissociation, la sympathie sélective et la xénophobie. Celles-ci jettent, comme je vais le montrer, un défi biologique considérable à toutes les tentatives sociales qui sont faites pour les limiter ou les réduire, mais elles ne sont pas pour autant entièrement hors du domaine de la détermination sociale.

1.2. L'IMPORTANCE D'ÊTRE UN SOI

La moralité est fondamentalement un phénomène social qui s'est développé dans des contextes de communication et d'interaction. *Être un soi* est une exigence de base pour pouvoir participer à la communication et à l'interaction sociales relativement évoluées que nous appelons « morales ». En règle générale, seul un organisme suffisamment évolué pour valoir comme un soi est considéré comme un agent moral susceptible d'être loué ou blâmé pour les actions qu'il a commises, ou pour ses qualités morales telles que la bonté morale de caractère ou la disposition à être moralement bon. La question se pose de savoir ce que cela signifie que d'être un soi, ainsi que de savoir si certaines valeurs ou certaines tendances préférentielles, quelles qu'elles soient, sont liées par nature à ce statut.

La plupart des humains ont la capacité biologique d'être un soi ou de le devenir. En grandissant, le nourrisson développe la capacité à concentrer son attention, il apprend à distinguer les objets de son environnement, tels que les visages, et à les reconnaître, et il prend conscience de lui-même comme ayant différentes relations à ces objets. La conscience se développe pour devenir distinction de soi. À un niveau de développement supérieur, l'individu prend conscience de lui-même en tant que sujet d'expérience, et il s'attribue des états mentaux : la distinction de soi évolue pour devenir conscience de soi. Cela se produit normalement autour d'un an et demi[11], et peut-être même avant[12]. Ainsi, trois conditions doivent être remplies pour être un soi :

(1) *La conscience.* Un soi est un *sujet d'expérience*, quelque chose à quoi il est possible d'attribuer des états mentaux (des expériences, des pensées et des désirs).

(2) *La distinction de soi.* Un soi doit être capable de *faire la différence entre lui-même* (en tant que ceci-ici) et *d'autres objets* (en tant que cela-là-bas). Un esprit qui ne fait aucune distinction entre lui-même et les autres ne serait pas un soi, parce que, dans la mesure où il pourrait distinguer différents objets, il le ferait sans s'identifier avec aucun d'eux.

(3) *La conscience de soi.* Un soi doit être capable de *s'identifier en tant que sujet d'expérience.* Il ne se contente pas de faire l'expérience de soi en tant qu'objet parmi d'autres, mais il est également capable de s'attribuer des états mentaux.

Ces conditions relativement peu restrictives[13] expriment selon moi tout ce qui est nécessaire pour mériter le statut de soi : être capable de s'identifier soi-même comme sujet d'expérience[14].

La capacité biologique innée à avoir conscience de soi, que Gerald Edelman pose comme étant une condition nécessaire pour avoir une conscience d'ordre supérieur[15], ne peut se développer que par l'intermédiaire de l'*interaction sociale.* En outre, de manière caractéristique, un individu qui est un soi peut établir les meilleurs rapports avec un autre individu qui est pareillement un soi, et, par conséquent, être un soi est également un critère d'*inclusion sociale.* En conséquence, être un soi n'est pas seulement essentiel au développement d'une conscience avancée, mais c'est également un statut social crucial[16].

La conscience de soi est accompagnée de manière typique par une *préférence* pour ce soi ; c'est-à-dire par un *intérêt pour soi* qui s'exprime sous la forme du désir de survivre, d'être bien nourri, d'être en sécurité et à son aise, de se reproduire, etc. Ce n'est pas une caractéristique définitionnelle car il y a là des exceptions : certaines personnes ont un intérêt pour elles-mêmes très peu développé[17] ; c'est là un handicap qui peut rendre très difficile la survie de l'individu, si ce n'est dans des conditions protégées. De manière typique toutefois, le soi est égocentriquement volitionnel dans ses évaluations et ses sélections. On peut également noter en rapport avec cela que, bien que l'intérêt pour soi soit une attitude fondamentale d'un point de vue biologique, cela ne rend pas nécessairement *rationnel* le fait de se préférer aux autres, car l'évolution n'est pas rationnelle mais circonstancielle. Et cela n'implique pas non plus que l'individu se *préférera* effectivement lui-même en toutes circonstances – je reviendrai sur cette idée plus loin, au paragraphe 3.2.2 notamment. On devrait plutôt considérer l'intérêt pour soi comme une fonction de survie évoluée et comme une *tendance* préférentielle innée dans le cerveau émotionnel. Il nous faut cependant garder à l'esprit que, dans la lutte biologique pour la survie, l'objectif n'est pas nécessairement la survie de l'individu. C'est en grande partie, comme l'a suggéré William Hamilton[18], une lutte pour perpétuer un ensemble donné de gènes, ce pour quoi il peut s'avérer nécessaire de procéder à des sacrifices individuels, altruistes – comme on sait, Richard Dawkins a repris cette idée[19]. Cela permettrait d'expliquer le comportement altruiste des abeilles ou des oiseaux, par exemple, pour lesquels le sacrifice individuel en vue de sauver le groupe peut avoir une valeur sélective pour la reproduction du groupe[20]. Nous pouvons remarquer, en outre, que l'intérêt pour soi est un terme plus large, qui couvre bien plus que la survie physique et peut dicter la *non*-survie du corps, par exemple par la volonté de sacrifier sa propre vie pour en protéger une autre ou pour défendre des valeurs abstraites telles que l'honneur, l'intégrité ou la vérité. Un être intelligent ne s'identifie pas nécessairement à un quelconque aspect de son corps – à vrai dire, les humains ont traditionnellement tendance à se dissocier de leurs corps (*cf.* 3.2.1) –, mais il peut s'identifier à un moi abstrait, à un ensemble abstrait de croyances et de valeurs qu'il souhaite défendre avec une ferveur plus grande que celle avec laquelle il défend son corps[21].

Indépendamment de la manière dont il est identifié ou exprimé, l'intérêt pour soi est également la source naturelle d'un besoin pressant de *contrôle* sur son environnement immédiat, et c'est un sol fertile pour le besoin de familiarité, de sécurité, et pour la préférence envers ce qui est connu que manifestent habituellement les humains. Je suggérerai que ce désir de contrôle est une *deuxième* préférence innée du cerveau émotionnel. L'expérience subjective d'un certain degré de contrôle et la sécurité que cela procure sont en effet des conditions nécessaires pour que le moi se développe de manière saine et stable : nous avons besoin d'un degré de sécurité et de confort minimal afin de consolider un sens intégré du moi. Lorsque les circonstances extérieures (notre environnement immédiat et les personnes qui nous entourent par exemple) s'avèrent extrêmement perturbantes, l'être humain se sent de plus en plus menacé, et il possède un mécanisme de défense qui finit par se mettre en marche : la *dissociation*.

2. Le besoin dissociatif de transcendance

2.1. LA DISSOCIATION BIOLOGIQUE

La dissociation est une *troisième* tendance préférentielle innée du cerveau émotionnel, et une condition nécessaire pour qu'un organisme émotionnel et conscient de soi puisse consolider un sens intégré de lui-même et soit capable de survivre à sa propre intelligence. Cette suggestion n'est pas plus sujette à controverse, selon moi, que les suggestions précédentes selon lesquelles l'intérêt pour soi et l'orientation du contrôle nous caractérisent d'un point de vue biologique, mais elle demande néanmoins à être expliquée.

Le terme « dissociation » est utilisé dans différentes disciplines (par exemple en psychiatrie, en neuropsychologie) et selon différentes définitions, ce qui peut susciter des confusions. On m'a conseillé[22] d'utiliser un autre terme que « dissociation » afin d'éviter toute confusion avec le concept neurobiologique clairement défini. Je suis en principe tout à fait prête à utiliser un autre terme, mais je n'en ai pas trouvé de meilleur (jusqu'à présent) pour les idées que je tente d'exprimer dans cette section. Les termes « déconnexion » ou « distance » n'en rendent pas aussi bien compte. De plus, le fait que le phénomène se produise à plusieurs reprises dans de nombreuses perspectives (bien que sous différentes formes) vient véritablement apporter un soutien à mes arguments. Sans nier que le concept de « dissociation » soit plurivoque, il me semble que ses différentes définitions ont un noyau commun : elles dénotent une fonction, un état ou une personnalité, qui est d'une certaine manière *dissocié* (physiologiquement, émotionnellement ou intellectuellement) d'autres fonctions, états ou personnalités. C'est sur cette caractéristique centrale de la déconnexion que je vais concentrer mon attention dans la présente discussion, où le concept de « dissociation » sera compris de manière large comme une façon de se déconnecter activement d'une expérience désagréable. Il s'agit d'un processus par lequel l'intégration de l'information – qu'il s'agisse de l'information entrante, stockée, ou sortante –, avec ses associations habituelles ou attendues, est activement empêchée.

L'être humain est en ce sens un *animal dissociatif* : nous dépensons une énergie considérable, de nature intellectuelle et émotionnelle, pour nous éloigner d'un grand nombre de choses que nous ne voulons pas être, ou dont nous ne voulons pas faire partie : des choses que nous craignons ou que nous n'aimons pas. Lorsqu'une expérience est trop douloureuse pour être acceptée, il arrive parfois précisément que nous ne l'acceptions pas : au lieu de l'intégrer dans notre système ordinaire d'associations, nous la repoussons loin de nous, et nous empêchons son intégration dans notre conscience. C'est « un processus normal, qu'un individu utilise, à l'origine de manière défensive, afin de faire face à des expériences traumatiques[23] ». Ce n'est en soi ni une fonction mal adaptée ni une fonction pathologique, mais une fonction adaptative importante, un atout évolutionnaire précieux qui nous permet de survivre à des événements que nous serions autrement incapables de supporter[24].

D'un point de vue historique, on peut observer une longue tradition de tentatives faites par les humains pour se dissocier de leur nature biologique et des limites qu'elle leur impose. La nature a été traditionnellement conçue de manière négative comme malveillante, source de forces sombres et primitives, impitoyable et sauvage. Cette attitude craintive s'est exprimée à maintes reprises, en art et en poésie aussi bien qu'en philosophie et en sciences. Les biologistes évolutionnistes ont souvent pris la suite de Thomas Hobbes pour considérer que l'être humain « naturel » est belliqueux, égoïste et fourbe en vue de son propre intérêt ; ils ont conçu la condition humaine naturelle comme une guerre perpétuelle, et « la vie de l'homme [comme étant] solitaire, pauvre, désagréable, brutale et courte[25] ». Thomas Huxley (1894) pensait que la nature est le bastion des ennemis de l'éthique, qui combattent la justice et l'harmonie, et Ortega y Gasset décrivait l'être humain comme « un centaure ontologique », dont une moitié est enlisée dans la nature alors que l'autre la transcende[26]. Je pense que cette crainte de la nature est à l'origine du *besoin dissociatif* qu'ont les êtres humains *de transcender leur condi-*

tion biologique, et il est bien possible que celui-ci fasse partie de l'empreinte culturelle épigénétiquement stockée dans nos cerveaux.

D'un point de vue psychologique, on peut tout à fait comprendre ce besoin de se dissocier du biologique, car, à l'évidence, la nature peut s'avérer être un environnement plutôt désagréable, dans lequel nous vivons constamment sous la menace, tombons malades et mourons. De plus, grâce à notre intelligence, il nous est possible d'*envisager* notre caractère mortel et notre solitude, ainsi que notre impuissance à les combattre de façon ultime. Nous sommes des animaux extrêmement craintifs et nous avons de bonnes raisons de l'être : être un organisme émotionnel, modérément intelligent et biologiquement fini, qui comprend sa propre finitude, cela est effectivement une condition difficile. Comme a pu le remarquer l'éthologue humain Eibl-Eibesfeldt, « l'homme est peut-être l'une des créatures les plus craintives, car à la peur basique des prédateurs et de ses congénères hostiles s'ajoutent les peurs existentielles, intellectuellement fondées[27] ». Il est alors bien naturel de vouloir s'élever au-delà de cet état biologique stressant et de chercher à atteindre des horizons plus élevés.

Dans notre crainte, et dans la dissociation biologique qui en a résulté, nous avons été autoprojectifs d'une manière tout à fait mégalomaniaque. L'être humain s'est efforcé de se distinguer des autres espèces ; il a souvent refusé, pour cela, de se voir comme un animal, et s'est considéré comme l'image de quelque dieu immortel et supranaturel (en construisant des divinités anthropomorphes dont il pouvait être l'image), ou bien comme faisant partie de quelque autre réalité transcendante, bien que grevé d'un corps biologique souvent appréhendé avec mépris ou désespoir. Un grand nombre de constructions religieuses ou philosophiques ont pour fondement l'idée que le corps est impur, et l'âme pure et immatérielle. Confondant notre intelligence avec la transcendance biologique, nous l'avons prise pour un signe du supranaturel et un tremplin vers l'immortalité. D'un certain côté, nous avons été bien inspirés de nous concevoir ainsi : des cathédrales, des peintures, des sculptures, de la musique et de la poésie d'une beauté inouïe ont été créées dans cette intoxication de transcendance. D'un autre côté, cette même ferveur religieuse et ce même désir qu'ont les humains de se transcender ont été la cause de violences et de perversions tout au long de l'histoire, à un degré que la seule cruauté n'aurait jamais pu atteindre. Koestler a décrit ce contraste de manière évocatrice[28].

Les problèmes que nous pose notre condition de mortels, et la tragédie universelle que représente la difficile situation dans laquelle se trouvent les humains ne peuvent probablement pas être résolus par des moyens scientifiques – nous pouvons toutefois influencer dans une certaine mesure la manière dont nous réagissons à ces problèmes, et nous pouvons choisir nos réactions. C'est là un pouvoir pour lequel la compréhension scientifique de la nature humaine est, je crois, d'une importance cruciale. Dans les cercles scientifiquement instruits, il est aujourd'hui courant de considérer que l'être humain fait partie de la nature, qu'il est un animal parmi les autres, bien qu'il ait une vie intellectuelle et émotionnelle hautement évoluée, et il est également commun de se contenter de cette position séculière et modérément privilégiée dans la nature. Notre besoin dissociatif reste néanmoins profondément ancré dans notre conception générale du monde.

Comme je viens de le montrer, le matérialisme éclairé s'oppose de manière récurrente à la dissociation comprise comme attitude intellectuelle et émotionnelle. J'ai également décrit dans les chapitres qui précèdent la manière dont le matérialisme éclairé rejette la dissociation dualiste de l'esprit et de la matière, la dissociation béhavioriste de la science et de la conscience, la dissociation cognitiviste de l'esprit d'une part et des émotions et du cerveau biologique d'autre part, la dissociation scientifique du libre arbitre, et une dissociation qu'il n'est pas si aisé d'identifier entre le moi comme agent libre et responsable d'une part et le non-conscient d'autre part. La force motrice non dissociative du matérialisme éclairé consiste à rechercher des *principes-ponts* qui relient différents niveaux d'explication et différents types de connaissances sur l'esprit et le cerveau humains, et qui *unifient* notre compréhension de la conscience comme étant une fonction du cerveau dont le développement et le fonctionnement s'effectuent dans un environnement naturel, social et culturel.

2.2. LE XÉNOPHOBE EMPATHIQUE

L'intérêt pour soi-même, le désir de contrôle et la dissociation à l'égard de ce que nous n'aimons pas sont trois tendances préférentielles intimement reliées, qui sont apparues au cours de l'évolution de l'espèce humaine. Une *quatrième* tendance préférentielle, inhérente aux animaux sociaux, est l'*intérêt pour les autres*. Cela peut s'exprimer par l'*empathie* (comprise ici comme la compréhension des autres), sous forme de *sympathie*, attitude positive, d'*antipathie*, attitude négative, ou encore sous forme d'un intérêt neutre. Toute attitude émotionnelle envers un autre présuppose une certaine forme d'interprétation plus ou moins exacte ou erronée. Nous devrions également noter que la sympathie et l'antipathie peuvent être empathiques, sans l'être nécessairement.

L'intérêt pour soi (compris comme la tendance à se priser ou à se privilégier soi-même plutôt qu'un autre) est également, chez les créatures sociales, une source d'intérêt envers les autres, principalement envers ceux avec lesquels le soi peut être en relation et avec lesquels il s'identifie, tels que les plus proches parents, le clan, la communauté, etc. Chez les espèces sociales intelligentes, telles que les humains, l'intérêt pour soi, pour le « je », s'étend au groupe, au « nous », et des distinctions sont établies entre « nous » et « eux » (entre ceux qui appartiennent aux différents groupes que nous avons créés ou rejoints et ceux qui n'en font pas partie)[29]. La sympathie et l'entraide s'étendent aux autres de manière typique en fonction de leur proximité à notre égard en termes de biologie (on peut penser, par exemple, à la reconnaissance faciale[30] ou aux distinctions en termes de groupes raciaux[31]), en termes de culture, d'idéologie[32], etc.

C'est là fondamentalement qu'émerge le champ de l'éthique. En distinguant le moi du non-moi, c'est-à-dire de l'autre, et en traçant une ligne entre « nous » et « eux », une hiérarchie sociale est instaurée, et la théorie morale consiste essentiellement en un grand nombre d'analyses et de propositions en ce qui concerne les rapports entre ces différents domaines ou niveaux. Les conflits qui surviennent au sein d'une société, au sein d'une communauté ou entre des individus (et peut-être même à l'intérieur d'un individu) sont liés pour la plupart aux distinctions entre soi et les autres, entre « nous » et « eux », ainsi qu'à la distribution des privilèges. C'est également le cas dans d'autres espèces sociales, notamment chez les rats qui ont une idée très claire de leur appartenance à un groupe. Une différence remarquable entre les rats et les humains est que les humains ont, comparés aux rats, un éventail bien plus large de critères d'exclusion – à vrai dire d'une largeur effrayante –, et ce en grande partie au détriment d'applications éthiques universelles (cette différence peut être expliquée en termes de la différence entre nos degrés d'intelligence et de complexité émotionnelle). C'est là un point sur lequel j'aurai à revenir.

L'évolution semble avoir prédisposé les animaux sociaux à développer des normes et des règles pour leur comportement, par exemple en ce qui concerne l'entraide au sein du groupe[33]. L'interprétation idéaliste que Piotr Kropotkine (1842-1921) avait de l'histoire l'a conduit à percevoir des signes d'entraide mutuelle volontaire et de sympathie dans ses études sur la nature des êtres sociaux[34]. À la différence de Thomas Huxley, il a insisté sur ces aspects positifs de la nature humaine : sur la tendance à l'altruisme et à l'entraide, qui provient de notre capacité naturelle à éprouver de la sympathie envers les autres. Les images de Kropotkine et de Huxley peuvent cependant être unifiées, car lorsque la sympathie et l'aide mutuelle s'étendent au sein d'un groupe, elles sont également refusées (de fait) à ceux qui n'appartiennent pas à ce groupe. Pour le dire autrement, l'intérêt envers les autres s'exprime à l'ordinaire positivement ou négativement, soit sous forme de sympathie, soit sous forme d'antipathie dirigées envers des groupes *spécifiques* – mais ces attitudes s'étendent très rarement (voire jamais) de manière *universelle*, par exemple à l'espèce humaine tout entière, et encore moins à l'ensemble des êtres sensibles.

Il semble que la sympathie ou l'antipathie liées à un groupe soient des tendances innées chez les créatures sociales pour lesquelles la survie de la communauté présuppose un certain degré d'adaptation de la part de ses membres. Les critères d'acceptation ou de rejet varient, mais c'est seulement dans les espèces les plus évoluées que l'adaptation (ou la non-adaptation) *intentionnelle* peut devenir un problème véritable. En ce qui concerne les humains, la non-adaptation est un problème très grave au vu de l'importance émotionnelle que nous donnons aux critères d'exclusion. « Il y a dans l'homme, écrit Koestler, tout un éventail épouvantable de critères pour déterminer qui pue et qui ne pue pas, depuis la possession du territoire jusqu'aux différences ethniques, culturelles, religieuses, idéologiques[35]. » L'adaptation devient un problème tout à fait réel lorsque notre désir pressant de contrôle sur notre environnement impose des limites strictes aux niveaux d'hétérogénéité et d'individualité qui peuvent être considérés comme socialement acceptables. L'échec à suivre les conventions sociales et les règles éthiques peut avoir de graves conséquences.

Cependant, même lorsque les conditions extérieures sont favorables, il ne va pas de soi que nous soyons *biologiquement capables* de suivre toutes ces conventions ou règles sociales. La capacité à suivre son propre intérêt rationnel, et notamment à comprendre une situation sociale et à choisir une action appropriée aux circonstances, dépend de l'architecture du cerveau de chaque individu. Un grand nombre de données montrent comment des dysfonctionnements ou des lésions cérébrales peuvent être à la base d'une multitude de handicaps cognitifs, émotionnels et comportementaux, ce qui comprend des handicaps tels que l'indifférence envers soi-même et l'incapacité sociale ou morale. Elles révèlent, en outre, la manière dont la structure du cerveau sain peut rendre certaines normes plus ou moins inapplicables en pratique.

Certaines des données les plus anciennement connues remontent à 1848. Un chef d'équipe dans le bâtiment, Phineas Gage, alors âgé de vingt-cinq ans, fut victime d'une explosion lors de laquelle une épaisse barre de fer pénétra sa joue gauche, transperça la base de son crâne, traversa l'avant de son cerveau, et ressortit par le haut de sa tête, atterrissant à quelque distance sur le sol. De manière étonnante, Gage survécut sans handicap grave, si ce n'est une perte de vision de l'œil gauche. Deux mois après l'accident, on le disait guéri. Cependant, de façon tout à fait étonnante, un changement complet de personnalité se produisit chez lui. Cet homme qui, avant l'accident, était doux, intelligent, poli, prévenant, et agissait avec une prévoyance toute rationnelle, devint désormais, selon les mots de son médecin, le Dr Harlow, « agité, insolent, se livrant parfois au blasphème le plus grossier, ce qui n'était auparavant pas dans son habitude, [...] capricieux et hésitant ». La perception de Gage, sa mémoire, son langage et son intelligence semblaient intacts ; seul son caractère se trouvait modifié. La société a porté un jugement sévère sur ses handicaps sociaux, et le reste de sa vie fut tragique. Incapable de conserver un travail, il fut, pour un temps, une « attraction » dans un cirque, avant de mourir seul et dans la misère à l'âge de trente-huit ans[36].

Le Dr Harlow suspecta l'existence dans le cerveau humain de systèmes dédiés aux dimensions sociales et personnelles du raisonnement, mais sans pouvoir le prouver. Apparemment, à la fois l'intérêt pour soi-même et l'intérêt pour les autres, ainsi que « l'observation des conventions sociales et des règles éthiques précédemment acquises, pouvaient être perdus suite à des lésions cervicales, même si ni l'intelligence de base ni le langage ne semblaient compromis. [...] Dans ce type d'écart, connu en neuropsychologie sous le nom de dissociation, une ou plusieurs performances présentant un même profil d'opération général sont en désaccord avec le reste. Dans le cas de Gage, le caractère détérioré a été dissocié de la cognition et du comportement, pour leur part intacts[37] ».

La neuroanatomie du cerveau de Gage a été reconstruite pour être soumise à une étude moderne, et comparée à des cas similaires plus récents[38]. Il apparaît que les personnes qui présentent certaines formes de lésions cérébrales, particulièrement dans le lobe frontal, souffrent de troubles graves ou même d'altération totale de la personnalité. Elles sont (ou deviennent) incapables de passer de la compréhension d'une situation morale à la réalisation d'un choix moral, alors même que leurs autres capacités cognitives et linguistiques demeurent intactes. Dans certains cas, elles engagent des actions qui ne sont fondées sur aucun intérêt rationnel pour elles-mêmes, et elles ne montrent aucun signe de préoccupation pour le futur ni aucun signe de prévoyance. Il existe, par conséquent, une différence entre la *compréhension* morale et sociale (la connaissance de ce qui est considéré comme « correct », « erroné », « bien », « mal », etc.) et les *émotions* morales ou sociales, telles que la sympathie, la gêne, la honte, la culpabilité, la fierté, etc. Lorsque la capacité à avoir un intérêt pour soi-même est endommagée et que cela détériore la capacité à avoir des émotions morales, cela peut endommager en retour le mécanisme de prise de décision dont on a besoin pour gérer la vie sociale, et cela peut détériorer par la suite un nouvel apprentissage de ce type de connaissance sociale[39].

De même, la capacité à sympathiser avec d'autres personnes, ou à les comprendre, dépend des fonctions cérébrales. La compassion requiert, par exemple, l'empathie, la capacité intellectuelle à comprendre l'autre, aussi bien que la sympathie, la capacité émotionnelle à se soucier de l'autre. Chacune de ces deux fonctions peut être déréglée ou endommagée dans le cerveau, et, même dans les cerveaux qui sont censés n'être ni l'un ni l'autre, ces fonctions sont grandement sélectives.

La neurobiologie de l'empathie fait aujourd'hui l'objet de recherches approfondies qui suggèrent que la capacité à comprendre les états mentaux des autres personnes est une fonction cognitive supérieure complexe, qui présente d'importantes variations individuelles et contextuelles en fonction de facteurs à la fois biologiques et socioculturels[40]. Chez certains individus, la capacité à éprouver de l'empathie est sérieusement réduite en raison de troubles spécifiques. Ceux qui souffrent, par exemple, du trouble d'Asperger sont en grande partie incapables d'avoir aucune compréhension de l'esprit des autres, ni de se représenter la manière dont ceux-ci pensent ou ressentent. Pourtant, dans la mesure où ils y parviennent, ils sont à même d'éprouver de la sympathie[41].

Les individus psychopathes sont dans la situation inverse : la structure de leur cerveau les rend incapables d'éprouver des émotions telles que la sympathie ou la honte, ou toute autre émotion moralement pertinente. Ils peuvent néanmoins être tout à fait empathiques, c'est-à-dire capables de se représenter ce que ressentent les autres[42]. La capacité à comprendre les émotions des autres sans être émotionnellement impliqué peut constituer un avantage social important, en donnant un pouvoir de manipulation considérable. Un individu psychopathe n'est pas nécessairement manipulateur ni imbu de pouvoir, mais, dans la mesure où la barrière naturelle empêchant d'infliger de la douleur est réduite ou absente, on observe une facilité correspondante à être violent et à exhiber un comportement antisocial[43].

Cependant, même chez les êtres humains qui n'ont pas été diagnostiqués comme souffrant de dérèglements du cerveau ou de lésions cérébrales, comprendre n'implique pas compatir : l'empathie n'équivaut pas à la sympathie ; elle est, au contraire, souvent liée à la dissociation émotionnelle d'avec « l'autre ». Il nous est facile, par exemple, de comprendre qu'un enfant dans un pays lointain réagit probablement à la faim ou à la souffrance de la même manière que les enfants de notre propre pays ; mais cela ne signifie pas que nous nous soucions de ces enfants de manière semblable ni même comparable. En fait, si la compréhension impliquait la sympathie, le monde serait pour un grand nombre de ses habitants un endroit bien plus agréable à vivre.

D'un point de vue biologique, les êtres humains éprouvent une sympathie naturelle envers les groupes auxquels ils appartiennent, et ils peuvent comprendre les groupes auxquels ils n'appartiennent pas ; mais, pour autant, ils ne sont pas prêts à sympathiser pareillement avec ces derniers. Bien au contraire : nous nous comportons comme des psychopathes naturels envers la majeure partie du monde. À en juger d'après les statistiques actuelles sur la pauvreté dans le monde, sur la distribution de la couverture maladie, et d'après la prédominance des relations tendues ou belliqueuses entre les individus, les nations, les cultures, les groupes ethniques, les classes sociales, les races, les genres, les religions, les idéologies politiques, etc., il apparaît que la grande majorité des êtres humains éprouvent de la réticence à s'identifier à ceux qui sont au-delà de « leur » sphère (et parfois même à ceux qui en font partie), à sympathiser avec eux ou à leur témoigner de la compassion, voire en sont incapables. Bien que certaines sociétés ou certains individus puissent être plus enclins que d'autres à développer une forte identité ethnique, ou plus enclins à la violence, au racisme, au sexisme, aux hiérarchies sociales ou à l'exclusion, tous présentent une certaine forme et un certain degré de xénophobie.

Nous sommes, selon moi, des *xénophobes empathiques naturels* : nous sommes empathiques en vertu de notre compréhension d'un ensemble relativement grand de créatures ; mais nous sommes sympathiques de manière bien plus étroite et sélective envers le groupe restreint dans lequel nous sommes nés ou que nous avons choisi de rejoindre, alors que nous avons tendance, d'un autre côté, à demeurer indifférents ou antipathiques envers tous les autres, et neutres ou hostiles envers la plupart des étrangers.

Ainsi, en dépit de notre capacité naturelle à la sympathie sélective et à l'assistance mutuelle, soulignée par Kropotkine, l'être humain tel que je l'ai décrit est très proche de la description de Hobbes : celle d'un xénophobe intéressé par lui-même, guidé par la volonté de contrôle, craintif, violent, dissociatif, vaniteux, mégalomaniaque et empathique. Au vu de leur prédominance historique, il me semble tout à fait probable que ces caractéristiques ont évolué jusqu'à devenir un élément de notre identité neurobiologique innée, et que toute tentative pour construire des structures sociales (des règles, des conventions, des contrats, etc.) contraires à cette identité doit prendre en considération ce défi biologique considérable pour pouvoir être mise en œuvre de manière quelque peu réaliste – en plus des défis politiques, sociaux ou culturels historiquement bien connus. On peut poser par exemple la question suivante : *pouvons*-nous (au sens de la possibilité biologique) développer des attitudes « globales » (comme le laisse entendre le fameux premier paragraphe de la Déclaration des droits de l'homme des Nations unies, qui affirme que tous les individus naissent libres et égaux en dignité et en droits), ou bien les déclarations universelles sont-elles vouées à rester de simples abstractions en raison du fait que nous sommes conditionnés de manière neurobiologique pour rester sélectifs et limités à un groupe d'un point de vue émotionnel, et par conséquent également d'un point de vue moral ? La sympathie peut-elle être *biologiquement* étendue ?

3. La moralité
dans une situation neurale difficile

3.1. LA CONCEPTION ÉGOCENTRIQUE

Comparé aux abeilles, par exemple, l'être humain n'est pas un animal au caractère social marqué ; il est plutôt individualiste par nature. Si l'image du xénophobe empathique donnée ci-dessus est réaliste, on peut alors se demander dans quelle situation nous nous trouvons, du fait de notre neurobiologie, en ce qui concerne nos attitudes morales et les structures sociales que nous développons ou pouvons développer.

Les conceptions optimistes de penseurs tels que Kropotkine ont des contreparties philosophiques dans l'histoire intellectuelle de l'humanité. Les philosophies de Platon, d'Aristote, d'Épicure et des stoïciens notamment font clairement preuve de tendances optimistes, avec leur insistance sur l'existence du bien, sur l'harmonie de la nature et sur la possibilité d'atteindre nos objectifs. Elles sont cependant contrebalancées par une abondance de descriptions inquiètes ou inquiétantes de la nature humaine et de la situation difficile dans laquelle se trouve prise l'existence humaine – on peut penser ici à Hobbes. Ces descriptions s'inscrivent dans une tradition philosophique importante de penseurs pessimistes, inspirés par le célèbre dicton de Sophocle :

> Ne pas naître, voilà qui vaut mieux que tout, mais s'il nous faut voir le jour, le moindre mal est de s'en retourner d'où l'on vient aussi vite que possible[44].

Les signaux d'alarme existentiels se font également entendre dans les sciences naturelles, lorsque les chercheurs dans ces domaines s'expriment sur ce type de problème. Koestler affirmait que notre équipement inné présente un dysfonctionnement inhérent, qui nous rend naturellement enclins à une violence outrancière et à l'autodestruction, aussi bien au niveau personnel qu'à une échelle globale.

> On a comparé l'évolution à un labyrinthe d'impasses, et il n'y a rien de bien étrange ni d'improbable dans l'affirmation selon laquelle l'équipement inné de l'homme, bien que supérieur à celui de toutes les autres espèces en vie, contient néanmoins certaines erreurs ou déficiences innées qui le prédisposent à l'autodestruction[45].

Comme je l'ai souligné précédemment, Konrad Lorenz est parvenu à une conclusion assez semblable en partant d'un point de vue scientifique différent[46].

Dans les modèles de l'architecture du cerveau qui ont été examinés ici, il apparaît que l'égocentrisme ou l'individualisme naturels du cerveau sont tout à fait prononcés : le cerveau est constamment engagé dans une activité autonome, il projette des images produites de manière autonome sur son environnement qu'il soumet à des tests, et, lors d'une telle activité, il rapporte toutes ses expériences à lui-même, à sa propre perspective individuelle. Cette dernière est étroite par nature ; elle est limitée aussi bien physiquement que d'un point de vue épistémique. Nous avons discuté ci-dessus d'un aspect important de l'étroitesse de la perspective individuelle en termes d'*espace* (et des limitations épistémiques de la perspective finie, *cf.* 1.3.1) et d'*identité personnelle* (avec une préférence typique pour le moi, pour le familier et pour ce à quoi l'individu peut s'identifier, ce à quoi il ou elle peut se rapporter). Un autre aspect important de l'étroitesse de la perspective individuelle est *temporel* : par comparaison avec la manière dont un être humain est impliqué dans le présent, il lui est extrêmement difficile, et parfois même impossible, de se sentir concerné d'un point de vue émotionnel par des états ou des événements *temporellement distants*, qu'il s'agisse d'événements réels ou possibles (par exemple, des événements dont on imagine qu'ils se produiront dans une ou plusieurs générations) ; et il en va de même pour ce qui est de se les représenter clairement. En d'autres termes, notre égocentrisme cérébral est psychologique, somatique et spatio-temporel, ce qui signifie que chacun de nous vit dans un monde égocentrique minuscule : ceci-ici-maintenant (« maintenant » dénote ici une perspective temporelle personnelle assez large, dans la mesure où, c'est bien connu, les êtres humains ont du mal à vivre « maintenant », si ce terme est compris au sens de ce qui est effectivement présent). Nous sommes par nature prédisposés à vivre ainsi : sans cette dissociation massive, nous ne pourrions vraisemblablement pas survivre, du moins pas avec notre architecture cérébrale actuelle.

Un problème pratique majeur se pose du fait que les *effets* de nos actions ne sont pas limités de manière semblable. La *difficulté* à s'impliquer à long terme (que ce soit d'un point de vue spatial, temporel ou personnel) s'assortit d'une facilité à causer des destructions à grande échelle et au niveau global. Cette tendance effective à la myopie mentale semble nous caractériser aussi bien culturellement que biologiquement, et elle pose de graves problèmes partout où des solutions à long terme sont requises, par exemple pour améliorer l'environnement ou pour réduire la pauvreté à l'échelle de la planète. Nos sociétés sont construites, pour une part importante, dans des perspectives égocentriques et à court terme, que ce soit politiquement, économiquement ou d'un point de vue environnemental, etc. Cela rend extrêmement difficile la mise en pratique de réflexions et de prévisions globales ou à long terme, et il va de soi que l'on ne peut s'attendre à une telle situation que si nos cerveaux fonctionnent de cette manière.

À la lumière de tout ceci, il me semble qu'une tâche importante pour les neurosciences serait d'*établir un diagnostic* en termes neurobiologiques sur la situation difficile dans laquelle se trouvent les humains. Quels types de créatures sociales sommes-nous d'un point de vue neurobiologique ? Outre son importance théorique, une telle connaissance peut s'avérer très utile socialement et avoir une pertinence méthodologique, par exemple pour le développement de structures et de méthodes éducatives adéquates, ou pour l'évaluation de méthodes nouvelles pour remédier aux problèmes sociaux. Afin de guérir une maladie, nous devons disposer, en premier lieu, d'un diagnostic convenable de cette « maladie » : de sa nature, des causes qui la sous-tendent et des remèdes en théorie possibles. En l'absence d'un tel diagnostic, nous courons le risque d'opter pour des méthodes qui pourront produire au mieux une amélioration superficielle, cosmétique : elles amélioreront peut-être les apparences, mais sans affecter aucunement la situation réelle de manière durable ou profonde.

Il est important que de tels diagnostics accordent une place aux dimensions à la fois biologiques et socioculturelles, et qu'ils incluent également une compréhension claire de la manière dont ces perspectives sont reliées. C'est un message central du matérialisme éclairé, je le répète, que la culture et la nature sont dans un rapport de symbiose et d'influence causale mutuelle : l'architecture de nos cerveaux détermine qui nous sommes et le type de sociétés que nous développons ; mais nos structures sociales ont également un fort impact sur l'architecture du cerveau, notamment à travers l'empreinte culturelle qui y est épigénétiquement stockée. La voie est par conséquent ouverte pour que nous soyons *proactifs du point de vue épigénétique.*

3.2. L'ÉPIGENÈSE NEURONALE

L'architecture du cerveau est déterminée en partie de manière génétique. Selon l'expression de Changeux, elle est contrainte par une « enveloppe » de gènes qui gouvernent son développement et « au sein de laquelle prennent place aussi bien l'évolution prénatale que l'évolution postnatale du cerveau humain, ainsi que de ses prédispositions[47] ». Cependant, Changeux suggère avec d'autres neuroscientifiques[48] que le contrôle des gènes sur le développement du cerveau n'est pas absolu mais sujet à des *processus évolutionnaires épigénétiques,* c'est-à-dire à un développement neuronal coordonné et organisé, qui résulte de l'apprentissage et de l'expérience, et qui vient se superposer à l'action des gènes.

Le terme « épigenèse » a de nombreuses significations. Dans le modèle de Changeux, il concerne la sélection de synapses qui s'établit au cours du développement du cerveau en fonction de leur activité, et, par conséquent, en fonction d'empreintes culturelles. Ce processus commence avant la naissance et se poursuit après la puberté ; mais la période la plus efficace se situe au cours des premières années qui suivent la naissance, et jusqu'à la puberté[49].

Selon la théorie de l'épigenèse culturelle, les structures socioculturelles et neuronales se développent en symbiose, et chacune est causalement pertinente pour l'autre. L'architecture de nos cerveaux détermine notre identité et notre comportement social, y compris nos dispositions morales et les types de sociétés que nous créons, et *vice versa* : nos structures socioculturelles influencent le développement du cerveau. Je pense que c'est là un domaine de recherche clé pour la neuro-éthique, un domaine dans lequel on trouve certains des éléments les plus importants de la pertinence sociale et éthique des neurosciences.

Le modèle épigénétique suggère que les connexions entre les neurones ne sont « pas spécifiées à l'avance de manière précise dans les gènes de l'animal[50] », mais que l'apprentissage et l'expérience influencent le développement du cerveau à l'intérieur des limites fixées par les gènes :

> À l'encontre d'une conception exclusivement génétique du cerveau, selon laquelle ce dernier serait la réalisation concrète d'un héritage génétique strictement prédéterminé, le modèle épigénétique postule que les connexions entre les neurones s'établissent par étapes, avec une marge de variabilité considérable, et qu'elles sont soumises à un processus d'essai et d'erreur[51].

Les empreintes culturelles se transmettent au cours de l'évolution darwinienne. La race humaine, écrit Changeux, « se distingue des autres espèces par sa capacité remarquable à apprendre et à conserver des traces stables des expériences passées[52] ». Son modèle de l'épigenèse neuronale contient deux idées connexes :

(1) la *variabilité* au cours du développement et dans les fonctions du cerveau ; toute version de l'idée d'une prédétermination causale stricte est ainsi rejetée ;

(2) l'*épigenèse neuronale* conçue comme impact socio-culturel sur l'architecture du cerveau ; une conception exclusivement génétique du développement neuronal est ainsi rejetée.

L'hypothèse de variabilité inclut à la fois l'affirmation selon laquelle tout individu a une identité cérébrale propre, même en l'absence de différence génétique, ainsi que, sur le plan neuronal, l'affirmation selon laquelle il est possible qu'un seul et même ensemble de causes produise des résultats variables. Pour le dire simplement : chaque cerveau est unique et n'est pas prédéterminé, son développement est dans une certaine mesure ouvert, et il n'est pas déterminé de façon exclusive par des facteurs génétiques, bien qu'il le soit de manière importante. Le cerveau humain peut varier quant à sa taille, sa forme, son poids et sa topologie[53] ; même les jumeaux monozygotes n'ont pas des cerveaux identiques[54]. Des études expérimentales, anatomiques et comportementales de jumeaux de ce type ont mis au jour une variabilité épigé-nétique, et même si les raisons n'en sont pas bien connues, ces études laissent penser que la détermination des gènes sur l'architecture du cerveau a des limites[55].

Sur le plan neuronal, le théorème de variabilité (que nous avons discuté précédemment en lien avec le problème du libre arbitre) énonce que même l'idée que l'on trouve dans un modèle déterministe, selon laquelle tout événement doit avoir une cause, n'équivaut pas à la détermination stricte, car le même ensemble de causes peut produire des résultats différents et le même effet peut avoir des causes variées (cela signifie qu'il n'y a pas de connexion prédéterminée et précise entre une cause particulière et un effet particulier). En termes neuroscientifiques, « pour tout réseau neuronal donné, un message afférent unique peut stabiliser différents schémas de connexion et préserver, dans le même temps, le même output ou la même capacité comportementale[56] ».

La formation de synapses est à la fois prénatale et postnatale ; elle est loin d'être complète à la naissance. Le développement postnatal du cerveau humain dure beaucoup plus longtemps que chez n'importe quel autre animal. Le développement le plus intense se produit pendant les deux premières années ; mais il se poursuit après la puberté, et les fonctions exécutives les plus élevées, qui sont déterminées par le lobe frontal, ne sont pas entièrement matures avant l'âge de vingt ans environ[57]. L'environnement est important pour que ce processus soit efficace. Si les réseaux neuraux ne sont pas actifs, ils disparaissent : *faites-en usage ou perdez-les*, comme dit le mantra[58]. « En l'absence d'une stimulation adéquate, le réseau neuronal subit des dommages irréversibles[59]. »

Torsten Wiesel et David Hubel ont démontré, par exemple, l'irréversibilité des lésions causées par la manipulation expérimentale de l'environnement visuel[60]. En suturant la paupière d'un singe nouveau-né pendant les six premières semaines de sa vie, et en limitant ainsi les colonnes correspondant à l'œil fermé (ce qui a pour résultat une vision diminuée ou bien la cécité complète), ils ont établi l'existence d'une période sensible pendant laquelle une réduction de la stimulation sensorielle cause des dommages irréversibles dans la connectivité corticale. Carla Shatz et ses collègues ont montré par la suite, au moyen d'expériences avec des belettes, que la stimulation est nécessaire avant même que l'œil soit ouvert pour que les synapses développent une connectivité adéquate[61].

On a pu affirmer (Eric Kandel entre autres) que la stimulation précoce des enfants influence la formation des synapses, ou, à l'inverse, que le manque de stimulation, une alimentation pauvre, l'insécurité ou l'absence de contact physique tendre peuvent être à l'origine de dommages cérébraux importants (que l'on peut détecter par exemple par IRMf)[62] – et qui peuvent s'avérer irréversibles.

Dans une perspective sociologique, ces théories et ces découvertes neuroscientifiques sont importantes en raison de leur intérêt théorique mais aussi en raison du soutien scientifique qu'elles apportent à l'idée selon laquelle il faudrait adapter les conditions sociales au bénéfice de la santé et du développement du cerveau. Le sociologue Pierre Bourdieu témoignait d'un intérêt actif pour les sciences du cerveau et il avait conscience de cette symbiose épigénétique du corps humain et de son environnement. En faisant référence au travail de Changeux, il a développé le thème de la connaissance et de la compréhension corporelles du monde dans les termes d'un tel rapport[63].

Toutefois, l'importance du fait de disposer de conditions sociales et matérielles adéquates pour un développement cérébral satisfaisant ne me semble pas avoir atteint un degré de conscience sociale correspondant à son importance. Il est bien connu qu'une enfance problématique d'un point de vue social peut entraîner des dommages cérébraux irréversibles, tout comme une petite enfance harmonieuse peut offrir les conditions d'une croissance émotionnelle et intellectuelle positive ; mais il apparaît que ces faits ne sont pas suffisamment intégrés en termes neurobiologiques. Selon moi, dans la mesure où l'on a montré que les conditions sociales sont cruciales d'un point de vue neurobiologique, les institutions sociales (les crèches, les écoles, etc.) devraient être structurées (ou peut-être restructurées) à la lumière de la connaissance neuroscientifique pertinente, en prenant explicitement en considération le bien-être cérébral[64].

Selon le modèle épigénétique, les traits neuronaux qui se développent à partir de l'impact socioculturel (comme résultats de l'apprentissage et de l'expérience) peuvent être stabilisés et transmis de génération en génération, ce qui signifie qu'ils peuvent être épigénétiquement transmis[65]. Cela donne une lueur d'espoir pour l'amélioration de la situation sociale difficile dans laquelle se trouvent les humains, même si la sombre conception de Koestler était vraie de nos jours. Car si nous avons évolué pour devenir des xénophobes intelligents mais violents, en partie à travers l'influence de notre culture et des empreintes culturelles épigénétiquement stockées dans nos cerveaux, ne s'ensuit-il pas que l'influence inverse est également possible en principe ? En d'autres termes, si la théorie épigénétique neuronale qui vient d'être décrite est correcte, la culture ne peut-elle nous aider à nous améliorer biologiquement, à évoluer pour devenir des animaux plus pacifiques et moins sectaires ?

Sur le plan individuel, il semble tout à fait possible d'appliquer cet argument : si les conditions sociales dans lesquelles se trouve un nourrisson sont d'une importance cruciale pour son développement cérébral, il est en principe possible de créer des conditions adéquates. (Qu'une telle application puisse être effectivement réalisée, cela est largement une question de volonté politique et d'accord social.) Sur un plan plus général, appliqué à plus grande échelle, à une société, à une nation, ou à l'espèce humaine tout entière, cet argument n'en demeure pas moins important, mais il devient beaucoup plus difficile à appliquer, en théorie comme en pratique.

Si de nouvelles empreintes culturelles devaient être épigénétiquement stockées dans nos cerveaux, par exemple celles de traits moins violents et moins sectaires, on peut présumer que des sociétés moins xénophobes seraient développées par ces créatures humaines émergentes. Mais une faiblesse de ce raisonnement optimiste tient à sa circularité, puisqu'il nous faudrait déjà *être* non xénophobes et non violents afin qu'une société non xénophobe et non violente puisse être maintenue. (Il n'est bien sûr pas vrai que les êtres humains intelligents sont effectivement ou complètement violents, ou complètement non violents ; ils sont plutôt un mélange des deux ; mais le problème se pose lorsque les tendances les plus violentes s'expriment.) Combien de temps cela prend-il pour qu'une caractéristique culturelle laisse une empreinte cérébrale ? C'est là une question cruciale : dans une certaine mesure, il est nécessaire d'avoir des structures culturelles stables et durables pour pouvoir causer des modifications neurobiologiques à grande échelle et stocker dans le cerveau des empreintes culturelles qui puissent donner à l'évolution une impulsion dans la bonne direction ; mais la probabilité de maintenir des sociétés qui s'opposent à la nature actuelle de leurs habitants – de maintenir, disons, une règle égalitaire pacifiste dans une société de xénophobes violents – est faible, comme on peut aisément le montrer.

On peut également douter qu'un groupe d'animaux pacifiques puisse vaincre en cas de conflit ceux qui ont l'habitude d'user de violence. Selon la paléontologue française Marylène Patou-Mathis[66], l'homme de Neandertal était intelligent, cultivé et non violent, et il préférait fuir l'homme de Cro-Magnon, qui était pour sa part violent, plutôt que de se battre contre lui – bien qu'il ait été physiquement plus fort –, et cela a fini par entraîner sa disparition. Selon cet exposé historique, les structures sociales violentes de Cro-Magnon ont gagné contre celles plus pacifiques de Neandertal, ce qui pourra sembler familier aux êtres humains d'aujourd'hui.

Il suffit de jeter un coup d'œil rapide à l'état actuel du monde pour avoir une illustration sordide de ce fait : les conventions et les accords internationaux sont rompus ou ignorés par les plus grandes puissances qui mènent des guerres racistes, religieuses ou économiques, entraînant des pertes humaines considérables et sans aucune victoire en vue pour personne. Ces puissances appliquent en outre des lois internationales selon des standards doubles, en fonction de la race et de l'appartenance ethnique ; elles détruisent l'environnement naturel pour les générations actuelles et futures ; et ainsi de suite. À l'époque de la « globalisation », rares sont les signes de responsabilité, de prévision, de sympathie, d'aide sociale et de droits de l'homme à l'échelle globale. C'est en fait ce que dénoncent un grand nombre de groupes que l'on appelle « antiglobalisation » et qui ne sont pas opposés à la globalisation de certaines valeurs ou de certaines structures sociales en tant que telles, mais qui n'apprécient pas les valeurs qui sont de fait propagées.

Les défis qu'implique la tentative d'être épigénétiquement proactifs – en influençant culturellement les actions futures des gènes humains et des structures neuronales afin de modifier les fonctions cognitives supérieures et le comportement qui en résulte – semblent formidables, du moins si l'on a pour programme d'étendre la sympathie, comme Changeux et d'autres l'ont défendu dans l'esprit de Kropotkine[67]. Il n'en reste pas moins que cela est possible au sein du cadre neuroscientifique épigénétique, ne serait-ce qu'en théorie ; et il vaut la peine qu'un grand nombre d'autres disciplines, outre les neurosciences, s'intéressent à une telle possibilité. En fonction de la manière dont nous choisissons de développer nos cultures, peut-être que des règles épigénétiques peuvent émerger un jour, qui étendent le domaine de sympathie des humains, actuellement si restreint. Ceux que déprime la misanthropie hobbesienne que j'ai présentée ici devraient être attirés par ce programme qui vise à influencer les empreintes culturelles devant être stockées dans nos cerveaux.

Si nous admettons que les découvertes neuroscientifiques ont une pertinence théorique et méthodologique pour l'éthique, et que les structures socioculturelles et neuronales se développent en symbiose, en étant causalement pertinentes les unes pour les autres, il s'ensuit que les neurosciences ont également une pertinence normative, mais pas au sens où elles énonceraient des faits qui impliquent ou constituent des normes. Les données neuroscientifiques peuvent livrer une connaissance d'une importance fondamentale au sujet de la moralité humaine sans impliquer des normes ou des recommandations. À moins de commettre ce qui est connu en philosophie sous le nom de *sophisme naturaliste*, les jugements normatifs (éthiques ou autres) ne peuvent être logiquement dérivés d'énoncés descriptifs, par exemple d'énoncés au sujet de données scientifiques sur la nature neurobiologique de ce type de jugements. En raison du fait que c'est une objection standard à l'encontre des tentatives naturalistes pour unir les faits et les valeurs, cet argument est digne d'attention. Néanmoins, j'affirmerai que, en tant qu'objection à l'encontre du matérialisme éclairé, il est hors sujet et ne présente aucun intérêt pour une neuroéthique qui s'inscrit dans ce cadre théorique.

4. La pertinence normative des neurosciences

4.1. LE SOPHISME NATURALISTE TRANSFORMÉ EN RESPONSABILITÉ

Une fois que l'on a replacé l'être humain dans les limites de la nature, ses évaluations deviennent un objet d'étude à la fois pour les sciences naturelles et pour les sciences sociales. Comme tous les autres aspects de l'esprit humain, les expériences de valeurs et les préférences font partie de la nature, et elles peuvent être étudiées en tant que telles. Se pose alors la question de la nature des valeurs, ainsi que le problème classique du rapport entre faits et valeurs, problème qui a fait l'objet de nombreux débats en philosophie, notamment dans les discussions sur le sophisme naturaliste.

L'expression « sophisme naturaliste » a été forgée par le philosophe moral anglais G. E. Moore. Elle fait référence à l'identification du bien avec d'autres propriétés telles que l'utilité, le plaisir ou le bonheur – ou encore à la réduction du bien à de telles propriétés. Selon Moore, le bien, ce « prédicat particulier en référence auquel la sphère de l'éthique doit être définie, est simple, il ne peut être analysé ni défini[68] », et par conséquent, toutes les tentatives pour définir le bien en d'autres termes se rendent coupables de ce qu'il a appelé « le sophisme naturaliste[69] ». L'objection principale de Moore contre l'identification du bien à une autre propriété est « l'argument de la question ouverte » : il a utilisé cet argument pour montrer qu'un terme évaluatif ne peut être défini comme étant équivalent aux critères de sa propre application. Si les critères d'application du terme « bien » signifiaient la même chose que « bien », la question de savoir si ces critères produisent effectivement le bien n'aurait aucun sens. Mais cette question a bien un sens, selon Moore, et, par conséquent, l'équivalence est invalide. Il remarque que certaines théories dont on admet qu'elles sont coupables du sophisme naturaliste, mais pas toutes, sont naturalistes au sens où elles définissent le bien « en référence à un *objet naturel* », et considèrent l'éthique comme « une science empirique ou positive » dont « toutes les conclusions pourraient être établies par observation empirique ou par induction ». Cependant, les théories éthiques non naturalistes, par exemple ce que Moore appelle l'éthique métaphysique, peuvent également, selon lui, se rendre coupables de ce sophisme. « Il y a par conséquent, conclut Moore, une distinction marquée entre ces deux groupes de théories éthiques basées sur le même sophisme[70]. » D'un autre côté, dans la mesure où l'on peut considérer que le bien est une propriété simple bien que naturelle, le naturalisme éthique n'implique pas nécessairement le sophisme naturaliste dans la version qu'en donne Moore.

Le problème discuté par Moore peut bien présenter un intérêt pour la philosophie morale en général ; cependant, pour la neuroéthique, il n'est pas particulièrement pertinent. Pour autant que je sache, ce n'est pas parce que nous découvrons des données neuroscientifiques qui sont pertinentes pour comprendre le jugement moral que nous devons répondre à la question de savoir si le bien est une propriété simple et non analysable, ou s'il peut, au contraire, être réduit à quelque chose d'autre.

D'autres interprétations du sophisme naturaliste ont été proposées qui sont plus directement pertinentes pour la neuroéthique, notamment celle d'un autre philosophe moral anglais : R. M. Hare. Selon le naturalisme tel que Hare le décrit, posséder certaines propriétés descriptives non morales *implique* d'avoir certaines propriétés morales non descriptives.

Selon l'exposé qu'il en donne, le sophisme consiste à dériver un « devoir » d'un « être », ou une valeur d'un fait, et à accorder que des propriétés descriptives impliquent des propriétés normatives. D'après Hare, cela obscurcit de manière trompeuse la distinction entre faits et valeurs[71]. Son argument rappelle, à l'évidence, l'affirmation de David Hume selon laquelle ce qui *est* est entièrement différent de ce qui *devrait être*, car « la distinction entre le vice et la vertu n'est pas fondée sur des relations d'objets, pas plus qu'elle n'est perçue par la raison », mais c'est fondamentalement une question de sentiments, et elle n'est en tant que telle ni vraie ni fausse[72]. Nous pouvons noter ici que la confusion des faits et des normes est étroitement liée à la croyance historiquement très répandue, bien qu'incorrecte selon moi, selon laquelle les phrases évaluatives peuvent avoir une valeur de vérité et énoncer des faits. Cette croyance a été réfutée entre autres par le philosophe suédois Axel Hägerström[73].

Je suis d'accord pour dire qu'il est erroné de dériver « il faudrait que ce soit » de « c'est », mais je considère qu'il s'agit d'une erreur conceptuelle que le modèle du matérialisme éclairé peut éviter. Une remarque terminologique s'impose ici : j'ai défini précédemment une « valeur » de manière très générale, comme quelque chose qui est pris en considération lors de la prise de décision, quelque chose qui influence un choix ou une décision et qui peut se produire à différents niveaux : au niveau non conscient comme au niveau conscient, comme une fonction biologique de base ou comme un trait du raisonnement moral avancé. Dans ce contexte, le sens pertinent est celui selon lequel une valeur est un trait du raisonnement *normatif* avancé, et notamment moral. La distinction logique entre fait et valeur pourrait cependant disparaître si le terme valeur était défini différemment – s'il était par exemple caractérisé comme désignant une fonction biologique *non* normative. Hare n'examine pas cette question pour autant que je sache. Il se préoccupe exclusivement de la distinction fait/valeur telle qu'elle est établie entre des énoncés normatifs et des énoncés descriptifs, entre « doit » et « est », sans s'intéresser à la distinction *entre les faits* qui sont ou ne sont pas des valeurs biologiques : là, le sophisme naturaliste ne pourrait vraisemblablement pas surgir.

Les jugements moraux « devraient être informés par des faits concrets[74] », par exemple par des faits neuroscientifiques, mais ces faits ne peuvent les impliquer. Par exemple, même si nous supposons que certaines tendances évaluatives sont innées dans l'architecture du cerveau humain normal, telles que l'intérêt pour soi et la sympathie sélective, ce fait (si c'en est un) à propos de la structure neuronale de l'être humain impliquerait, il faut en convenir, que chaque individu en bonne santé et suffisamment mature éprouverait dans une certaine mesure à la fois de l'intérêt pour soi-même et de la sympathie envers d'autres créatures. Ce n'est cependant pas l'implication d'une *norme* mais l'implication empirique d'un autre *fait*. Cela n'implique pas que ce *soit bien* (ou mal), ni que nous *devions concevoir* comme bien (ou mal) le fait que nous sommes ainsi constitués. De façon semblable, s'il est *vrai* par exemple que nous sommes des xénophobes naturels, ainsi que je l'ai suggéré, la connaissance de ce fait (présumé) n'en constitue pas en soi une *justification*. Comprendre n'est pas justifier : savoir ou comprendre, ce n'est pas approuver. Au contraire, je présenterai dans le quatrième chapitre la conception opposée selon laquelle la connaissance de la situation neurale difficile dans laquelle nous nous trouvons devrait augmenter notre attention à l'égard de la nécessité de structures et d'accords sociaux stables et réalistes.

Ainsi, puisque le matérialisme éclairé n'affirme *pas* que les simples descriptions factuelles de l'architecture du cerveau reviennent à émettre des recommandations ou à poser des normes, il ne prend pas ce qui « est » pour ce qui « devrait être », et, par conséquent, il ne commet pas le sophisme naturaliste dans la version de Hare. Cette version humienne du sophisme naturaliste s'avère donc être une objection non pertinente à l'encontre du matérialisme éclairé.

Il n'est pas sans intérêt de remarquer ici qu'il est possible d'accorder que des descriptions de faits n'impliquent pas de normes, tout en continuant à maintenir que certaines valeurs ou préférences sont universelles, au sens où elles sont partagées de fait par la grande majorité des êtres humains adultes. On peut penser par exemple aux tendances préférentielles que j'ai mentionnées plus haut. Il est logiquement compatible de croire que certaines valeurs ou tendances préférentielles sont approximativement universelles en tant que traits innés de la constitution neurobiologique humaine, et de penser que la distinction entre descriptions et normes doive être maintenue.

Cette distinction demeure en effet d'une importance fondamentale pour la neuroéthique. Car, même si les faits et les valeurs morales sont vraisemblablement *conceptuellement* distincts et indépendants, au sens où de simples descriptions factuelles de l'architecture fonctionnelle du cerveau ne reviennent pas logiquement à émettre des recommandations ou à poser des normes, il existe néanmoins des liens *empiriques* importants, notamment causaux, entre les faits biologiques et les normes et les valeurs morales. Les normes sont des constructions du cerveau élaborées par les sociétés humaines ; elles trouvent une forme concrète, biologiquement aussi bien que culturellement, dans l'évolution contingente de structures socioculturelles (et elles sont contraintes par elle), en particulier dans l'évolution des nombreux systèmes symboliques, philosophiques et religieux que les humains ont développés.

Une tâche majeure dont la neuroéthique fondamentale a la responsabilité est de déchiffrer le réseau des connexions causales entre les perspectives neurobiologique, socioculturelle et historique qui ont vu s'énoncer une norme morale à un moment donné de l'histoire humaine. Une telle tâche doit être effectuée en vue d'évaluer le caractère « universel » de ces normes, tel qu'il est spécifié par avance dans notre génome et partagé par l'espèce humaine, à la différence des caractères relatifs à une culture donnée ou à un système symbolique. Le « sophisme » de l'approche naturaliste en vient ainsi à s'inverser pour devenir une *responsabilité*.

4.2. RÉSUMÉ

La pertinence explicative des neurosciences pour la pensée morale présuppose un modèle de l'esprit et du cerveau selon les lignes du matérialisme éclairé, dans lequel la variabilité, les émotions et la pensée créatrice sont prises en considération. Selon le matérialisme éclairé, le cerveau est un système variable, sélectif, dans lequel les valeurs sont incorporées en tant que contraintes nécessaires. D'un point de vue biologique, aucune créature dotée d'un cerveau ne naît sans valeurs, au sens où toute créature est neurobiologiquement prédisposée à développer des systèmes de valeurs complexes et variés qui lui permettent de fonctionner dans son environnement physique et social. Selon ce modèle, la propension des humains à émettre des jugements moraux et leur capacité à faire des choix moraux libres et responsables ne font pas seulement sens d'un point de vue logique et pratique, mais elles sont biologiquement inévitables pour des individus adultes et en bonne santé. Quatre tendances préférentielles innées et étroitement reliées ont évolué dans l'espèce humaine : l'intérêt pour soi-même, le désir de contrôle et de sécurité, la dissociation d'avec ce qui est tenu pour désagréable ou menaçant (par exemple notre propre corps, ou la nature), et la sympathie sélective, par opposition à l'antipathie à l'égard d'autrui, les deux présupposant l'empathie (la compréhension) envers les autres. L'empathie est dirigée vers des groupes beaucoup plus larges que la sympathie : par nature, les êtres humains sont des xénophobes empathiques qui se dissocient de manière typique de la plupart des autres créatures. La neurobiologie de la sympathie et de l'antipathie, et nos multiples distinctions entre « eux » et « nous », telles qu'elles s'expriment par exemple dans les attitudes raciales ou ethniques, font l'objet à l'heure actuelle d'un nombre d'études grandissant. C'est une tâche importante des neurosciences que de produire un diagnostic en termes neurobiologiques de la situation difficile dans laquelle se trouvent les humains ; cette connaissance peut s'avérer utile pour développer des structures éducatives, ou pour évaluer des méthodes qui visent à remédier aux problèmes sociaux. La pertinence théorique et méthodologique des neurosciences pour l'éthique est importante, et elle augmente rapidement. Selon la théorie de l'épigenèse neuronale, les structures socioculturelles et neuronales se développent en symbiose et sont causalement pertinentes les unes pour les autres. L'architecture de nos cerveaux détermine nos comportements sociaux, y compris nos dispositions morales, ce qui influe sur le type de société que nous créons, et, *vice versa*, nos structures socioculturelles ont une influence sur le développement de nos cerveaux. Cela est compatible avec l'idée selon laquelle il n'est logiquement pas possible de dériver des normes à partir des faits à moins de commettre le sophisme naturaliste, ce qui ne peut être objecté de manière pertinente au matérialisme éclairé.

La pertinence des neurosciences pour les sciences humaines et sociales est en premier lieu théorique et méthodologique, mais ce savoir a également une pertinence normative, notamment pour la construction de normes morales. La connaissance neuroscientifique peut approfondir la compréhension que nous avons de qui nous sommes et de la manière dont nous fonctionnons en tant que créatures neurobiologiques et sociales. Elle peut contribuer à expliquer les mécanismes du jugement normatif, ainsi que la manière dont ce jugement a évolué. Elle peut également améliorer notre capacité à développer des méthodes pour résoudre les problèmes sociaux, ainsi que notre capacité à améliorer notre santé mentale, physique et sociale, et nos systèmes d'éducation. Elle peut nous aider à développer nos sociétés dans une direction que nous choisissons. D'un autre côté, elle peut aussi être détournée vers de graves mésusages (civils ou militaires), et la neuroéthique doit maintenir un niveau élevé de vigilance à cet égard. Dans la mesure où la responsabilité scientifique ne peut être atteinte en l'absence de bien-fondé scientifique, la neuroéthique appliquée doit être conduite au sein de cadres théoriques plausibles, développés par la neuroéthique fondamentale, et pour lesquels la conception du cerveau que défend le matérialisme éclairé peut constituer un commencement scientifiquement adéquat et philosophiquement fructueux.

4

La responsabilité naturaliste

Vers une philosophie pour la neuroéthique

1. La construction de la nature humaine

1.1. LES IDENTITÉS NEUROCULTURELLES

Dans les trois premiers chapitres, nous avons centré notre examen sur la neuroéthique fondamentale : sur les questions de la conscience, du libre arbitre, de la responsabilité personnelle et du jugement moral. Dans celui-ci, nous allons recentrer notre propos sur la neuroéthique appliquée et analyser les défis existentiels, sociaux et politiques auxquels la connaissance neuroscientifique peut donner naissance.

Nous avons conclu que la science avait une pertinence normative. Le progrès de la connaissance scientifique peut enrichir nos conceptions du monde, la conception que nous avons de nous-mêmes ainsi que nos attitudes existentielles ou idéologiques ; il peut également être à l'origine de leur modification. Dans l'idéal, nos conceptions et nos attitudes devraient s'accorder avec la science dans la mesure où c'est pertinent, ou, en tout cas, elles ne devraient pas la contredire de manière catégorique. Cela dit, il nous faut noter qu'une certaine vigilance est requise afin d'éviter que l'idée de conception du monde scientifiquement éclairée (le terme

« conception du monde » est ici compris dans un sens très large) ne mène à des formes de « scientisme » idéologique destructrices d'un point de vue social et nullement scientifiques, dont certaines ont été discutées au chapitre 1 (par exemple l'éthique évolutionnaire et les sciences de l'esprit psychophobiques des XIXe et XXe siècles). Au cours de l'histoire, la connaissance scientifique a parfois été déformée et prise en otage par des idéologies, ce qui a eu des conséquences néfastes, et de telles erreurs doivent être évitées aujourd'hui dans le domaine des neurosciences. Convenons-en, la conscience historique appelle une certaine vigilance envers différents types de mésusages (c'est un point sur lequel je reviendrai). Cependant, une telle précaution, bien que justifiée, n'empêche pas, et ne doit pas nous empêcher, de permettre à nos conceptions du monde, à nos attitudes existentielles et à nos conceptions de nous-mêmes de s'enrichir des lumières que la science peut leur apporter.

Les conceptions que les êtres humains ont nourries sur eux-mêmes au cours de l'histoire varient grandement entre les individus, entre les cultures et entre les époques historiques. Les conceptions classiques de l'être humain en tant que création divine, dont on trouve par exemple des illustrations dans la Bible[1], diffèrent profondément des conceptions scientifiques plus modernes selon lesquelles l'être humain est une machine organique qui pense – de telles conceptions se sont implantées en Europe au XVIIe siècle, et elles ont perduré depuis lors[2]. Bien que ces images distinctes s'opposent clairement l'une à l'autre, elles ont cependant une chose en commun au moins : aucune d'entre elles n'admet volontiers que nous puissions, pour une part importante, *construire* la nature humaine, ni même qu'il nous soit possible de l'influencer, si ce n'est de manière périphérique. La nature humaine est au contraire perçue comme « donnée », que ce soit par quelque dieu ou par des lois de la nature ; elle est en outre conçue comme quelque chose de plus ou moins *statique*, que nous ne pouvons modifier à loisir. Il existe une tradition culturelle longue et variée au sein de laquelle la nature en général a été envisagée comme quelque chose de fondamentalement déterminé en dépit de toutes ses fluctuations et de tous ses changements : elle a été conçue comme statique plutôt que dynamique, et comme fermée à l'influence culturelle à n'importe quel niveau fondamental. On trouve par exemple de telles conceptions de la nature dans la tradition aristotélicienne de la « *scala naturae* » ou « grande chaîne de la vie ». Cette conception est caractérisée par une hiérarchie de la nature dans laquelle dominent les humains et où chaque créature a une place déterminée qui ne change ni n'évolue mais demeure au contraire immobile[3].

Par la suite, la théorie de l'évolution darwinienne a mis en question cette conception classique de la nature et lui a opposé une conception *dynamique*. Au XXe siècle, certains éléments statiques ont perduré, par exemple dans certaines versions du déterminisme génétique[4], mais la notion de nature dynamique introduite par Darwin a gagné du terrain, et elle est devenue l'objet de nombreux débats en écologie[5] tout comme dans les études sur la culture animale ; les écosystèmes et les formes de vie animale y sont dépeints comme pouvant changer de manière imprévisible, non seulement à l'échelle de l'évolution mais également à l'échelle historique (dans une perspective temporelle plus restreinte)[6]. La distinction entre statique et dynamique, et entre les diverses définitions que l'on a pu donner de ces termes, fait l'objet de débats considérables dans un grand nombre de domaines de recherche, et cela dépasse notre propos que de leur rendre justice ici. Nous pouvons remarquer cependant que la symbiose inné/acquis, discutée au chapitre précédent, réapparaît ici de façon centrale, par exemple lorsque le biologiste japonais Kinji Imanishi souligne que tous les êtres vivants sont créatifs et actifs et que leur nature ne peut être comprise à moins d'être conçue comme une interaction dynamique entre l'être et son environnement[7]. Nous pouvons remarquer en outre que le modèle du cerveau que nous avons suggéré ici s'accorde avec un concept de nature dynamique, dans la mesure où il dépeint l'être humain comme une créature neuroculturelle projective, volitionnelle et narrative, active de manière autonome et dotée de diverses conceptions du monde émotionnellement chargées, ainsi que de la capacité à exercer une influence à la fois sur elle-même et sur son environnement.

L'image que cette créature neuroculturelle a d'elle-même, pour autant qu'elle peut concevoir et comprendre son identité, est également susceptible de s'accorder avec une conception dynamique[8]. J'ai suggéré précédemment que l'activité intense et spontanée du cerveau, qui est constamment en train de produire des représentations qu'il projette sur le monde lorsqu'il teste son environnement physique, social et culturel, fait du cerveau conscient un organe *narratif*, mû par un processus de narration continu et déroulant sa propre histoire neuronale. À un certain moment, dans le ventre de la mère, le cerveau du fœtus commence une histoire qui se développera en temps voulu pour devenir l'histoire neuronale de sa vie tout entière[9]. On peut dire en un certain sens que cette narration nous *construit* ; elle construit notre identité, ainsi que le monde dont nous faisons l'expérience, lequel est en partie construit à travers la narration[10]. Il ne faut pas comprendre cela comme l'expression d'une position solipsiste ou ontologiquement subjectiviste, selon laquelle il n'y a pas de « monde réel au-dehors », mais comme la position épistémologique kantienne reformulée dans un cadre moderne[11]. Tout ce que nous pensons ou ressentons résulte de la structure de nos cerveaux ; celle-ci détermine ce dont nous faisons l'expérience ; il ne s'agit pas là d'un exercice automatique ou prédéterminé, mais d'une activité variable et constructive. Comme je l'ai dit, nous sommes prisonniers de nos cerveaux ; nous fonctionnons dans un environnement physique, social et culturel, et la nature de notre réalité est ce que nos cerveaux nous présentent dans ces environnements. Cependant, il nous faut garder à l'esprit ici que nos cerveaux sont projectifs et plastiques. La réalité que nos cerveaux construisent est dynamique ; elle change et évolue constamment. Dans la mesure où nous considérons que l'architecture du cerveau est une structure projective et narrative, il est raisonnable de concevoir les images créées par ce dernier comme résultant en partie de cette narration.

La narration du cerveau humain est sans cesse à la recherche de *sens* : nous structurons continuellement nos expériences, qu'une signification ou une structure quelconques « soient là » indépendamment de nous, ou pas. De nombreuses expériences ont été réalisées qui montrent, semble-t-il, que nous ne sommes pas capables, d'un point de vue biologique, de percevoir par exemple des figures géométriques dépourvues de signification, mais que nous construisons au contraire spontanément des schémas à partir d'ensembles aléatoires de points[12]. Dans la mesure où les points sont situés de manière aléatoire, sans former aucun schéma si ce n'est dans l'œil de celui qui les regarde, on pourrait affirmer que de tels schémas doivent être de ce fait des illusions des sens (puisqu'ils ne sont pas censés exister indépendamment d'un observateur). Une autre façon de voir les choses consiste à dire que tel est le monde dont nous faisons l'expérience et que nous créons au cours de notre expérience : nos cerveaux déterminent la nature de nos environnements, mais ceux-ci ne sont pas nécessairement moins réels parce que nous les avons influencés. Si nous faisons l'expérience d'une structure ou d'une signification, alors cette structure et cette signification sont bien là, du moins au niveau phénoménal. Il se peut que cette signification ou cette structure que nos cerveaux nous font percevoir ne soient pas là « indépendamment » de notre perception, et, par conséquent, qu'elles ne soient pas réelles à un autre niveau (à un niveau que Kant appellerait le niveau nouménal par exemple) ; mais elles peuvent toutefois bien être là de manière phénoménale (et elles le *sont*)[13].

Afin de désamorcer une objection évidente, mais inappropriée, à l'encontre de ce raisonnement, il nous faut remarquer qu'il est possible que nous fassions l'expérience de choses qui n'existent pas du point de vue scientifique, comme des anges ou des fantômes. Manifestement, si quelqu'un « voit un fantôme », cela ne signifie pas qu'il y a là un fantôme que l'on peut voir, mais cela signifie qu'il y a une expérience réelle, qui peut bien avoir une signification pour le sujet qui la fait. L'expérience subjective, comme je l'ai affirmé à la suite de Searle (et sans doute de Descartes), fait partie de la réalité au niveau subjectif : il ne fait aucun doute que je suis conscient lorsque j'ai conscience d'être conscient[14]. On peut également décrire l'expérience subjective *de manière autoréférentielle* comme étant un gage de la réalité objective : l'expérience subjective, dont on ne peut douter quand on l'a, existe de manière objective. Cependant, lorsqu'elle fait référence à quelque chose *au-delà* d'elle-même, l'expérience subjective ne peut être un gage de la réalité objective. Par exemple, si un enfant effrayé fait l'expérience d'un « fantôme », l'*expérience* de ce qui est décrit comme un « fantôme » est objectivement réelle, mais cela n'implique pas que la description soit exacte, ni qu'il existe un objet indépendamment de cette expérience, auquel la description prétend faire référence. En d'autres termes, nous devons demander quelle est l'identité précise de l'objet prétendument « réel » afin de pouvoir déterminer si la réalité peut être impliquée, et en quel sens ou à quel niveau. Bien évidemment, il ne suffit pas qu'un enfant effrayé fasse une expérience qu'il appelle « voir un fantôme » pour qu'un fantôme existe dans la réalité spatio-temporelle ; néanmoins, l'enfant a une expérience et il lui donne une signification qui fait sens pour lui. Ce que je veux souligner de manière assez simple, c'est que cette *signification* est un gage de sa propre réalité : elle est là en vertu du fait qu'elle est expérimentée. Cela ne signifie pas que les interprétations soient philosophiquement cohérentes ou scientifiquement correctes. La réalité est un mot qui a des significations multiples, et celles-ci peuvent être appliquées à différents niveaux d'expérience et d'explication[15].

D'un côté, être prisonniers de nos cerveaux peut provoquer un sentiment de claustrophobie, puisque c'est une prison sans échappatoire possible. D'un autre côté, selon le modèle du matérialisme éclairé, nous sommes maîtres du contenu de nos cerveaux, au moins dans une certaine mesure, si modeste soit-elle, et nous ne devons donc pas être considérés comme des machines biologiques enchaînées et opérant de manière automatique. Nous pouvons, par conséquent, exercer une influence sur notre réalité. Nous pouvons créer du sens.

Pourquoi cela est-il important ? Pour une raison au moins, à mon avis : cela met en lumière l'idée, cruciale d'un point de vue existentiel et social, selon laquelle être une créature neuroculturelle n'est pas incompatible avec le fait d'exercer un certain contrôle sur la création de sens dans nos vies, dans notre expérience et dans nos conceptions du monde. La signification, le sens, la dignité, la *raison d'être*[16] et autres notions si chères aux humains ne sont pas perdues pour nous du fait d'être des constructions qui dépendent de notre architecture cérébrale : je suggère au contraire que, de ce fait, nous *acquérons un pouvoir* sur elles, d'une manière telle qu'on n'a jamais conçu que des dieux imaginés ni des lois de la nature statiques puissent nous en donner un.

Cela est en rapport avec les discussions sur les illusions dont il a été question dans les chapitres précédents : en rapport, tout d'abord, avec la question du libre arbitre ; puis, avec notre réticence à admettre notre propre finitude, etc., ce qui nous conduit à nous dissocier de notre nature biologique. J'ai montré, d'un côté, que le fait qu'une expérience soit une construction du cerveau ne la rend pas illusoire, à moins que tout ce dont nous avons l'expérience soit illusoire, auquel cas le concept devient dépourvu d'intérêt d'un point de vue scientifique. D'un autre côté, j'ai donné une série d'exemples de la manière dont nous vivons par ct à travers nos illusions, tentant en vain d'échapper à notre difficile condition de créatures biologiques finies et fragiles, nous dissociant des choses qui nous sont désagréables. Alors que la dissociation n'est en elle-même ni mal adaptée ni pathologique, mais au contraire une fonction adaptative importante (un atout évolutionnaire précieux qui nous permet de survivre à des événements que nous serions autrement incapables de supporter[17]), elle peut être poussée trop loin et se révéler même tout à fait superflue : la dissociation peut s'avérer un effort inutile et trompeur. Il est par conséquent souhaitable, aussi bien dans une perspective existentielle que dans une perspective scientifique, de parvenir à une *conception de soi non dissociative*.

1.2. UNE CONCEPTION DE SOI NON DISSOCIATIVE

Épictète observait, avec la perspicacité qui le caractérise, que les humains ne craignent pas tant les choses elles-mêmes que les images qu'ils s'en font[18]. Si nous craignons notre nature biologique, il semblerait alors plus sage de modifier l'image que nous en avons, et plus particulièrement nos réactions envers elle, plutôt que de tenter en vain de la nier et de nous en dissocier. Fuir l'inévitable n'est pas une méthode sensée pour combattre la peur. Les images que nous avons ne sont pas hors de notre pouvoir d'influence sous tout rapport ; si une personne est dans un relatif état d'équilibre cognitif et émotionnel, et en position d'exercer un certain degré de contrôle sur elle-même, elle sera également en mesure de décider plus facilement de ses propres réactions, au point même d'avoir une influence sur des processus non conscients[19]. En ayant à l'esprit une conception neuroculturelle (relativement) non dissociative de soi-même, d'une part, et les paroles d'Épictète, d'autre part, nous pouvons peut-être même finir par accepter notre finitude. Il semble en tout cas que l'option la pire soit de rester dans un état émotionnel de déni et de continuer à construire des illusions qui sont en contradiction avec la science. Cette façon de faire ne donne aux individus, dans le meilleur des cas, qu'un pâle semblant d'espoir et, au pire, elle augmente les tensions sociales et la destruction (j'y reviendrai un peu plus loin).

Dans les nouvelles sciences de l'esprit, que j'ai décrites plus haut comme « psychophiles[20] » en raison du fait qu'elles rompent avec la tradition de psychophobie des XIXe et XXe siècles, l'émotion et la cognition ne sont pas conçues comme étant strictement séparées, et certainement pas non plus comme des fonctions contradictoires. Elles sont au contraire envisagées comme des fonctions corrélées, qui opèrent en symbiose. Cette nouvelle science de l'esprit psychophile constitue un fondement scientifique fructueux – ou du moins elle pourrait être développée pour le devenir, en partie par des efforts en neuroéthique –, sur la base duquel la raison et les passions pourraient devenir plus coopératives, dans nos vies quotidiennes également, et une image neuroculturelle de soi être intégrée de manière constructive à nos sociétés et à nos conceptions du monde.

Dans ce contexte, LeDoux fait une observation scientifique pertinente lorsqu'il décrit la manière dont « le réseau de connexions dans le cerveau, à ce moment précis de notre histoire évolutionnaire, est tel que les connexions qui lient les systèmes émotionnels aux systèmes cognitifs sont plus fortes que celles qui lient les systèmes cognitifs aux systèmes émotionnels[21] ». Il se pourrait cependant que cela change au cours de l'évolution future. Les connexions du cortex avec l'amygdale sont bien plus importantes chez les primates (par exemple chez les humains) que chez les autres mammifères. Si ces connexions s'étendent, « le cortex pourrait gagner un contrôle de plus en plus grand sur l'amygdale, ce qui pourrait permettre aux futurs humains d'être en mesure de mieux contrôler leurs émotions ». Dans une veine encore plus optimiste, il est même possible qu'une augmentation de la connectivité entre l'amygdale et le cortex atteigne un équilibre « tel que la lutte entre la pensée et l'émotion se résolve finalement non pas par la domination des cognitions corticales sur les centres émotionnels, mais par une intégration plus harmonieuse de la raison et des passions[22] ». En d'autres termes, avec une connectivité accrue entre le cortex et l'amygdale, la cognition et les émotions pourraient commencer à coopérer au lieu de suivre des voies séparées[23]. Dans une perspective stoïcienne, ce pourrait être là une bonne nouvelle, si hypothétique soit-elle. Il est moins certain que cela inspire également de l'espoir dans une perspective pacifiste, si l'on pense par exemple au fait que les intelligentsias, dont les idées et les passions semblaient bien coordonnées en vue d'atteindre leurs fins, ont été à l'origine des pires persécutions, des pires guerres et des pires génocides dans l'histoire de l'humanité.

Il est important que la neuroéthique puisse acquérir dans le futur une meilleure compréhension des mécanismes qui sous-tendent les émotions. Dans la mesure où les processus cérébraux d'évaluation font de la capacité à avoir des émotions un trait caractéristique fondamental de la conscience, ils font également du conflit émotionnel, ou *lutte de pouvoir*, un trait neuronal de base : lorsque différentes valeurs s'opposent, l'une d'entre elles sera tôt ou tard sélectionnée (sauf si les deux sont écartées, et à condition que l'organisme continue d'être actif)[24]. Il apparaît donc que les conflits émotionnels sont à la base de l'esprit conscient – et il est important qu'il en aille ainsi ; car la lutte de pouvoir neuronale, qui lui est inhérente, entre des valeurs contradictoires (ici des valeurs biologiques[25]) introduit la question du *contrôle*, et il s'agit là d'une fonction émotionnelle et cognitive hautement évoluée et d'une grande valeur pour la survie. Dans la discussion sur le libre arbitre, qui était principalement consacrée à la possibilité d'exercer un contrôle, j'ai suggéré qu'il pourrait être fructueux de concevoir le libre arbitre comme la capacité à acquérir un pouvoir causal associée à la capacité à avoir une influence sur l'usage de ce pouvoir[26]. Nous ne pouvons cependant espérer atteindre ce pouvoir causal ni développer adéquatement notre capacité à en influencer l'usage sans avoir une connaissance adéquate de l'architecture fonctionnelle de notre cerveau et de notre esprit, ainsi qu'une connaissance adéquate de notre conscience et de la nature des processus neuronaux dont celle-ci est une fonction. Pour le dire simplement, nous devons connaître l'appareil afin de bien l'utiliser – en développant par exemple un type de structures éducatives efficaces pour l'apprentissage, la cohésion et l'harmonie sociales, ou en développant des conditions sociales pour l'éducation des enfants qui soient favorables à la croissance du cerveau et à son bien-être.

J'ai affirmé à plusieurs reprises que la connaissance neuro-scientifique pouvait approfondir notre compréhension de qui nous sommes et de la manière dont nous fonctionnons en tant que créatures neurobiologiques et sociales. J'ai voulu montrer ainsi qu'une conception neuroscientifique de la nature humaine n'est pas nécessairement « déshumanisante », du moins pas selon le modèle du matérialisme éclairé qui a été présenté ici. Une connaissance adéquate de notre nature et de la manière dont nous fonctionnons, loin de nous enlever notre dignité, pourrait au contraire (et même, devrait !) nous donner une image *plus* digne de nous-mêmes et, si elle est bien intégrée à nos vies et à nos sociétés, une image moins tendue du point de vue émotionnel. On peut ainsi espérer qu'une telle image sera plus favorable à la maîtrise de soi et à l'équilibre social que nos illusions mégalomaniaques, si fréquentes au cours de l'histoire. Une telle connaissance nous procure un élément de contrôle peut-être mineur, mais néanmoins crucial, et elle nous rend capables d'influencer de manière fondamentale notre identité et notre environnement – ce qui devrait plaire à des individus aussi assoiffés de contrôle que nous le sommes. Je suggère qu'il est important, notamment pour la neuroéthique, de continuer à développer ce thème de la conception socioneurale non dissociative de la nature humaine, et de s'enquérir de la manière dont une image non dissociative de nous-mêmes, en tant que créatures socioneurales, peut ou devrait être comprise, ainsi que de la manière dont elle peut être intégrée de façon constructive, d'un point de vue individuel et social, intellectuel et émotionnel, à nos sociétés et à nos conceptions générales du monde.

2. La construction des normes sociales

2.1. DES SOCIÉTÉS DE CERVEAUX[27]

Lorsqu'un groupe de créatures simultanément sociales et individualistes, et douées de structures cérébrales égocentriques, met en place une société, l'instauration de contrats sociaux est décisive pour le succès de l'entreprise. De manière essentielle, construire une société, c'est tenter de contrôler et de modeler la nature humaine, et cela implique de maintenir un équilibre sain entre le fait de laisser libre cours aux instincts et le fait de les contrôler. D'un côté, une « société » qui n'impose aucun contrôle mérite à peine d'être appelée ainsi : des communautés de ce type continueraient à subsister dans la « condition naturelle » hobbesienne, où la force brute est puissance. Mais d'un autre côté, une société qui impose un contrôle excessif au point d'assécher la nature humaine se délitera presque inévitablement[28]. Machiavel, l'un des grands penseurs politiques du XVIe siècle, était bien conscient de la nécessité d'être réaliste pour pouvoir parvenir à des résultats lorsque l'on gouverne, et il conseillait au Prince de ne pas imposer des structures ni des règles qui contrediraient trop sévèrement la nature et les désirs de ses sujets ; il lui conseillait, par exemple, de ne pas les empêcher d'acquérir un niveau minimal de bien-être matériel, sans quoi le risque de rébellion augmenterait[29].

Cependant, atteindre l'harmonie sociale tout en respectant la nature des individus présuppose que l'on soit capable d'établir un diagnostic plus ou moins correct sur cette dernière. Pour autant que je puisse voir, un individu égocentrique n'aura pas nécessairement plus de mal à acquérir cette capacité qu'un individu qui présente les caractéristiques opposées. En revanche, notre tendance à la dissociation constitue ici une pierre d'achoppement véritable.

La difficulté à formuler un diagnostic ou une description corrects peut augmenter proportionnellement au degré de dissociation de ceux qui l'établissent, du moins étant donné un rapport pertinent entre la dissociation et les critères du diagnostic. Un médecin qui ne supporte pas de penser à certains types de maladies court un plus grand risque de passer à côté de leurs symptômes ; des parents qui adorent leurs rejetons de façon aveugle peuvent être moins à même de voir leurs défauts ou leurs problèmes ; une personne en position d'autorité qui ignore la nature et les besoins de ses sujets gouvernera moins bien ; et ainsi de suite. Les structures sociales devraient être développées pour convenir aux personnes qui vivent en leur sein – mais la question se pose de savoir comment cela est possible lorsque les personnes qui sont également en charge de ces structures, directement ou indirectement, s'ignorent ou se dissocient *d'avec elles-mêmes*. Je suggérerai que l'on a affaire ici à l'une des principales raisons pour lesquelles, dans toutes les cultures et à toutes les époques, à quelques fragiles exceptions près, les êtres humains ont gouverné de manière aussi catastrophique. L'historienne américaine Barbara Tuchman affirme que le phénomène selon lequel les gouvernements ont mené des politiques contraires à leurs propres intérêts peut être observé tout au long de l'histoire, quel que soit le lieu ou la période considérés. Elle pose la question de savoir pourquoi les processus mentaux intelligents paraissent si souvent ne pas fonctionner[30]. Il semble que notre incapacité persistante à accepter qui nous sommes ne facilite pas la tâche. Nous craignons la mort, et nous imaginons alors que nous pouvons créer et entretenir des dieux qui nous confèrent l'immortalité ; cette illusion a eu des effets sociaux dévastateurs (que les guerres de religion suffisent seules à illustrer)[31]. Nous craignons la vérité, et les débats entre la connaissance scientifique et les « vérités » religieuses se poursuivent avec vigueur plutôt qu'ils ne s'éteignent. Mais comment cela est-il possible au vu de ce que la science a révélé ? Comment les *dogmes* religieux (qu'il ne faut pas confondre ni identifier avec l'expérience religieuse individuelle) peuvent-ils survivre dans des esprits instruits à la lumière de la connaissance scientifique ? Je n'aborderai qu'un aspect très limité de cette vaste question, dans les mêmes termes que précédemment, à savoir en termes de notre incapacité historique à établir un diagnostic correct sur la nature humaine, en raison notamment de notre tendance innée à vivre et à survivre à travers des illusions et en nous dissociant de ce que nous craignons ou n'aimons pas[32].

La psychologie évolutionniste insiste souvent sur le besoin que nous avons de comprendre et d'expliquer notre environnement, besoin qui nous fait préférer une explication mauvaise ou même fausse à pas d'explication du tout[33]. Richard Dawkins compare la religion à un virus contagieux qui se propage avec succès en raison du fait qu'elle donne le sentiment de comprendre le monde[34] – cette idée rappelle les descriptions évocatrices d'Arthur Koestler dans *Janus*[35].

J'admets que le besoin de comprendre des humains semble être un trait largement répandu ; mais je suggérerai qu'il coexiste avec son contraire, et que nous avons également grandement besoin de *ne pas* comprendre ni expliquer, mais de nous contenter d'être, simplement. Les explications peuvent avoir un effet aliénant qui va à l'encontre de notre besoin de familiarité. Dans la mesure où cela nous conduit à fuir la connaissance, on peut considérer que c'est une autre forme de dissociation encore. Dans la première élégie de Duino, Rainer Maria Rilke donne une expression poétique puissante à cette souffrance humaine qui découle de l'aliénation au sein de notre monde surinterprété et dans lequel nous nous sentons étrangers[36].

Il est important de remarquer, au vu de cela, qu'une conception biologique scientifique de la nature ou de la psychologie humaines peut également être irréaliste si elle ignore que les humains ont un besoin fondamental de mysticisme, de grandiose, de communion, de rituels, etc. De tels besoins ont été ignorés, notamment dans un grand nombre de sociétés modernes matérialistes et largement sécularisées ; et il est assez probable, à mon sens, que cette incapacité à les reconnaître et à les prendre en considération de façon raisonnable et satisfaisante, d'un point de vue émotionnel et intellectuel, a favorisé le retour des religions, y compris des dogmes religieux les plus primitifs tels que le créationnisme. Il est important de combiner la lutte contre les dogmes, les préjugés et la superstition avec un respect pour l'expérience subjective individuelle et non scientifique (religieuse par exemple).

De même que la connaissance ne devrait pas diminuer la dignité humaine mais au contraire l'augmenter, la science devrait également augmenter la conscience que nous avons de la beauté lorsqu'elle nous permet de voir le monde tel qu'il est, lorsqu'elle nous en donne une compréhension et une explication. Nous pouvons nous demander avec Adams si « cela ne suffit pas de voir qu'un jardin est beau, sans avoir à croire qu'il abrite des fées[37] ». Cela devrait effectivement suffire ; mais, pour le voir, peut-être faut-il que le jardin soit *présenté* comme beau et non comme un vulgaire amas de terre. Empruntons à Dawkins une autre citation, attribuée à Albert Einstein, et qui est ici appropriée : « Je n'essaie pas d'imaginer un Dieu sous la forme d'une personne ; il suffit de contempler la structure du monde pour autant qu'elle permet à nos sens inadéquats de l'apprécier[38]. » Il est important de comprendre qu'une société moderne sécularisée et scientifiquement sophistiquée ne doit pas nécessairement étouffer toutes les tendances au mysticisme, à la contemplation, à la communion, etc. Nos « sens inadéquats » font de la compréhension, dans ce domaine comme dans tout autre, une tâche difficile ; nous ne disposons cependant pas d'autre moyen pour atteindre l'harmonie sociale en ce qui concerne la vérité et la nature humaine. On peut considérer que ce réalisme et cette empathie psychologiques, si je peux les appeler ainsi, constituent un des aspects de la vigilance à l'égard du « scientisme » que j'ai recommandée plus haut. Il est important de remarquer que les préjugés et les dogmes ne proviennent pas seulement des sphères non scientifiques, par exemple religieuses, mais qu'on les trouve également de manière répétée tout au long de l'histoire des sciences[39]. Notre tâche est de permettre à la science d'inspirer et d'éclairer nos conceptions du monde, tout en empêchant qu'elle fasse l'objet d'un mésusage visant à produire des dogmes ou des préjugés « scientistes » ; et il se peut que cela ne soit pas si simple.

Nous avons suggéré dans le chapitre précédent que certaines tendances évaluatives sont des traits caractéristiques innés de l'espèce humaine : l'intérêt pour soi, l'orientation du contrôle, la dissociation, l'empathie, la sympathie sélective et la xénophobie. Nous avons en outre suggéré qu'en vertu de leur prévalence historique, ces traits pouvaient faire partie de notre identité neurobiologique et de l'empreinte culturelle épigénétiquement stockée dans nos cerveaux. En tant que telles, ces tendances peuvent également former une base naturelle pour le développement de valeurs sociales partagées et de structures qui nous permettent de surmonter les différences individuelles, culturelles et sociales. La responsabilité naturaliste, qui se manifeste également dans la neuroéthique fondamentale, implique de déchiffrer le réseau des connexions causales qui existent entre les perspectives neurobiologiques, socioculturelles et historiques selon lesquelles une norme morale se trouve énoncée à un moment donné de l'histoire humaine. L'un des objectifs consiste alors à évaluer le caractère « universel » de ces normes, tel qu'il est spécifié par avance dans le génome et partagé par tous les membres de l'espèce humaine, à la différence des normes relatives à une culture ou à un système symbolique donnés[40].

Dans ce qui précède, nous avons également discuté de certains aspects importants de l'étroitesse de la perspective individuelle d'un point de vue spatial, temporel et en termes d'identité personnelle (avec la préférence typique que l'on a pour le moi, le familier et ce à quoi l'individu peut s'identifier, ce à quoi il peut se rapporter). Notre égocentricité cérébrale (psychologique, somatique et spatio-temporelle) nous tient prisonniers dans un minuscule monde égocentrique : ceci-ici-maintenant[41]. Nous sommes prédisposés de la sorte par nature, car sans cette dissociation massive nous ne pourrions certainement pas survivre, du moins pas avec notre architecture cérébrale actuelle. En lien avec cela, nous avons souligné un problème pratique majeur, à savoir que les effets de nos actions ne sont pas limités de la même manière. En vertu de cette situation, il nous est en pratique extrêmement difficile de penser et de prévoir de manière globale ou à long terme[42].

Pour pouvoir établir des planifications sociales à long terme, il est nécessaire que nous élargissions le champ de nos intérêts, aussi bien géographiquement que culturellement. Si nous voulons trouver des solutions à long terme à des problèmes qui touchent à la vie, non seulement dans certains domaines particuliers limités, mais aussi dans d'autres parties du monde ou même à l'échelle de la planète tout entière, nous devons alors trouver certaines valeurs générales qui puissent constituer la base d'un accord global – c'est là une idée communément exprimée en cette époque de globalisation. La recherche d'*universalité normative* (par exemple les tentatives faites pour établir des normes éthiques globales ou des normes globales pour le gouvernement politique) est devenue ces dernières années un souci très largement partagé et de plus en plus pressant dans de nombreux contextes, et la volonté de mettre en place des régulations éthiques universelles en science occupe une place de premier choix dans le programme éthique de la recherche[43].

Il se peut que des esprits critiques considèrent cela comme une tentative mal dissimulée ou mal avisée pour étendre l'égocentricité humaine naturelle de valeurs individuelles ou adoptées par des minorités, en prétendant qu'elles sont universellement valides. Mais, de manière plus positive, on peut également considérer la convergence vers une civilisation universelle comme un « projet d'éducation éclairée[44] », comme une quête dans l'esprit des Lumières. Cependant, même si nous adoptons à titre d'essai une attitude positive et accordons que l'idée d'identifier des valeurs universelles ou de chercher à les développer n'est pas nécessairement vouée à l'échec (selon certaines interprétations), nous devons également admettre que la quête d'universalité normative est une entreprise grandement problématique, pour des raisons à la fois logiques et empiriques.

2.2. LA QUÊTE D'UNIVERSALITÉ NORMATIVE

L'idée d'universalité normative est ancienne, et on peut la retrouver dans presque toutes les principales religions, les idéologies politiques, et dans presque tous les systèmes éthiques[45]. Il en existe plusieurs versions, notamment en ce qui concerne les buts visés, les méthodes et la justification :

elle s'étend du prosélytisme et des croisades à la préoccupation générale pour la survie de la Terre. La science et la technologie modernes exercent une grande influence sur le développement du monde ; ce pouvoir peut à l'évidence être dangereux s'il n'est pas limité par des principes ou par des directives. Il est devenu fréquent d'en appeler à des normes ou à des directives internationales qui réguleraient la recherche scientifique à un niveau global, par exemple en ce qui concerne le développement socio-économique, la répartition et la durabilité des ressources naturelles, la paix dans le monde, la qualité de vie, l'équité entre les nations, le traitement des données scientifiques, les problèmes dans le cyberespace, ou encore les technologies émergentes pour l'amélioration du cerveau humain[46].

La question se pose de savoir quelle éthique nous devrions globaliser : l'éthique *de qui* ? Étant donné le pluralisme qui règne dans le champ de l'éthique – et qui résulte aussi bien de notre immense variabilité phénotypique que de nos différentes expériences, sur fond de variation dans l'arrière-plan culturel ainsi que dans les systèmes politiques ou socio-économiques, dans les idéologies religieuses ou autres, dans les niveaux de développement, etc. –, est-il possible de trouver des normes éthiques internationales qui puissent être à la fois largement acceptées et recevoir une formulation substantielle ? Ceux qui tentent de développer une éthique internationale pour la science espèrent bien sûr que cela est possible ; et ils espèrent peut-être aussi que les institutions de la science pourront fournir un contexte dans lequel des normes pourront surgir en dépit du pluralisme.

D'un point de vue historique, la prétention à l'universalisme a été combinée la plupart du temps à un profond mépris pour la diversité humaine ou pour l'égalité des humains quant à leur dignité. De manière classique, on considérait que le monde « appartenait » à un groupe choisi (à un genre, une race ou une classe religieuse ou sociale) susceptible d'apporter aux « autres » les lumières de la raison – ou de les dominer.

L'idée selon laquelle l'éthique pourrait être universaliste tout en respectant l'individualité et l'intégrité humaines est relativement récente, et il pourrait s'avérer instructif de la comparer à certains de ses prédécesseurs historiques. Car même les tentatives modernes les plus éclairées pour respecter la diversité éthique tout en tendant à l'universalité rencontrent des difficultés auxquelles nous devrions rester sensibles, parmi lesquelles deux difficultés importantes peuvent être décrites en termes de *culturo-centrisme* et de *dogmatisme*.

La plupart des positions éthiques sont historiquement caractérisées par le culturo-centrisme, c'est-à-dire par une forme d'égocentrisme culturel (c'est sans doute un trait universel en soi), qui s'associe de manière typique à un sentiment de supériorité à l'égard des autres cultures. On peut considérer cela comme un corrélat culturel de notre prédisposition biologique à la xénophobie[47]. Ce phénomène se retrouve dans presque toutes les cultures de l'histoire humaine – et assurément dans les plus grandes, telle que celles de la Chine, de l'Égypte ou de la Grèce. On présente souvent la société athénienne comme un modèle de démocratie et de tolérance intellectuelle, et beaucoup considèrent aujourd'hui encore l'époque de Périclès comme un âge d'or du pluralisme. Et pourtant, l'ouverture d'esprit des Grecs était associée à une croyance ferme en la validité universelle d'un grand nombre de leurs propres conceptions et valeurs, et on peut difficilement dire qu'ils aient été respectueux envers les autres cultures. D'un côté, les Grecs anciens tenaient la liberté de pensée pour acquise, d'une manière tout à fait étonnante d'un point de vue historique. D'un autre côté, cette liberté était le privilège d'une minorité choisie : les hommes athéniens libres. Les femmes, les immigrants et les esclaves se voyaient dénier le droit de citoyenneté dans le système politique d'Athènes qui était profondément inégalitaire et n'accordait qu'aux *citoyens* le droit de penser et de parler librement. La fameuse tolérance grecque s'assortissait d'une égocentricité culturelle tristement célèbre.

Cette arrogance a des équivalents modernes. Par exemple, l'expression « communauté internationale » a connu une popularité grandissante dans les années 1990 et, avec une logique discutable, la « communauté internationale » a depuis lors fait de son mieux pour imposer sa volonté sur le monde qu'elle prétend représenter – pas nécessairement par des moyens pacifiques. Un examen plus minutieux révèle que cette communauté « internationale » consiste seulement en un petit nombre d'États puissants, qui constituent une minorité globale plutôt petite d'un point de vue géographique, mais qui ont des systèmes financiers et politiques suffisamment semblables pour coopérer avec force au niveau international. Indépendamment de la manière dont nous évaluons ce phénomène, que nous approuvions ou non les buts de la « communauté internationale », celle-ci est clairement culturocentrique d'une manière tout à fait similaire à la fierté athénienne.

En dépit de préjugés importants en ce qui concerne le genre et la culture, l'amour des Grecs pour la raison s'oppose nettement aux attitudes dogmatiques que l'on peut trouver notamment dans les principales religions orthodoxes ou dans les idéologies politiques totalitaires. Une seconde caractéristique historique problématique de l'éthique est le *dogmatisme* qui, tout comme l'égocentrisme culturel, semble s'obstiner à rester présent dans l'esprit des hommes et dans les sociétés humaines. Un « dogme » est défini par le *Dictionnaire philoso-*

phique d'Oxford comme « une croyance entretenue de façon inconditionnelle et avec une certitude injustifiée. Dans l'Église chrétienne : une croyance communiquée par révélation divine et définie par l'Église ». De même que beaucoup d'autres credos orthodoxes, l'Église chrétienne a entretenu l'universalisme éthique au cours de l'histoire avec peu d'égards pour la raison humaine et pour la diversité ou l'intégrité humaines, et avec une faible compréhension de ce que certains d'entre nous appellent aujourd'hui les « droits naturels de l'homme ». (La plupart du temps, ces derniers auraient été considérés comme l'exact contraire de ce qui est « naturel » : comme des manifestations dangereuses d'idées non naturelles[48].)

L'universalisme dogmatique s'oppose nettement à l'universalisme rationaliste qui a vu le jour pendant les Lumières en France. Les philosophes des Lumières ont tenté de donner une base rationnelle à leur universalisme, ce que John Gray a décrit comme « un projet d'éducation éclairée », entendant par là « le projet de donner aux institutions humaines un droit à la raison avec une autorité universelle… Dans les théories politiques des Lumières, le contenu universaliste du rationalisme politique classique réapparaît sous la forme d'une philosophie de l'histoire qui converge de manière universelle vers une civilisation rationaliste comme son *télos*. On peut considérer que l'idée de progrès incarnée par les Lumières est une reformulation diachronique de la conception classique de la loi naturelle. C'est la conception moderne du développement humain, selon laquelle celui-ci se déroule par étapes successives discrètes et n'est pas le même partout mais a en commun la propriété de converger vers une unique forme de vie, une civilisation universelle, rationnelle et cosmopolite[49] ».

Il y a donc au moins trois formes d'universalisme normatif, qui font appel à trois centres de pouvoir distincts : un groupe politique puissant, un dieu, ou la raison abstraite.

Trois sujets exercent leur autorité : « nous », « Dieu » ou « la raison ». La version scientifique de l'universalité normative est présentée de manière caractéristique comme relevant du troisième type (et comme ne pouvant raisonnablement relever que de celui-là) : comme un *projet d'éducation éclairée* qui ne fait aucune référence essentielle ni aux divinités ni aux intérêts particuliers d'une minorité, si puissants qu'ils puissent être[50].

Dans la mesure où elle est conçue comme un projet d'éducation éclairée, la quête pour parvenir à un accord global sur certains problèmes doit être selon moi poursuivie, notamment en ce qui concerne les questions essentielles à la vie et à la survie, ainsi que celles qui touchent de manière fondamentale à l'identité ou à la dignité humaines (ou, en fait, à l'identité ou à la dignité des individus non humains dans la mesure où nous étendons notre champ de préoccupation pour les inclure). Cependant, aucun projet de ce type n'a de chance de réussir, même de façon modeste, s'il n'est pas fondé sur une connaissance solide de l'histoire, des cultures *et*, soulignons-le, de la neurobiologie. Lorsque les xénophobes empathiques mettent en place des programmes normatifs (qu'ils soient politiques, éthiques ou autres), il est peu probable qu'ils prennent spontanément en considération leurs congénères les plus éloignés, mais bien plus probable qu'ils globalisent leurs propres conceptions et proclament qu'ils constituent une « communauté internationale » suivant l'inclination culturo-centrique décrite ci-dessus. Cette tendance égocentrique a pour origine à la fois notre nature neurobiologique et nos traditions socioculturelles. La conception égocentrique a des composantes à la fois biologiques et culturelles. Ces dernières doivent être correctement comprises afin que la perspective normative puisse être étendue pour inclure ce qui est éloigné dans le temps, dans l'espace ou d'un point de vue culturel, mais aussi afin de faire face de manière adéquate à des exemples particuliers de responsabilité scientifique, car on retrouve des composantes du même type dans des perspectives plus limitées qui posent également des défis aux responsabilités de la science dans des contextes spécifiques.

3. La neuroéthique comme défi sociopolitique

3.1. LES RESPONSABILITÉS DE LA SCIENCE

En 1992, Gerald Edelman a prédit que les neurosciences donneraient naissance à « la révolution scientifique la plus grande qui puisse être, une révolution avec des conséquences sociales importantes et inévitables[51] » et qui, selon d'autres, « influencera l'histoire avec autant de force que le développement de la métallurgie à l'âge du fer, la mécanisation pendant la révolution industrielle ou la génétique dans la seconde moitié du XXe siècle[52] ». Lorsqu'une science relativement jeune connaît une envolée rapide et conduit à des prédictions aussi spectaculaires, il est à l'évidence important de poser la question de la responsabilité de la prise en charge de cette évolution. Sur le fond des discussions qui précèdent, j'attirerai ici brièvement l'attention sur ce que je crois être certains des aspects les plus pertinents de la responsabilité scientifique dans un tel contexte.

La neurotechnologie moderne couvre un large éventail de méthodes qui sont à des étapes de développement variées. On fait de plus en plus appel à la neurochirurgie pour aider les patients qui souffrent de troubles ou de dommages cérébraux, ce qui implique un ensemble de procédures nouvelles. Par exemple, un domaine des neurosciences est consacré aux prothèses neuronales, c'est-à-dire à l'utilisation de dispositifs artificiels pour remplacer dans leur fonction des systèmes nerveux ou des organes sensoriels endommagés. De manière typique, la prothèse neuronale relie le système nerveux à un certain dispositif ; mais d'autres techniques existent qui tentent de relier le cerveau (ou le *système nerveux*) à un ordinateur[53]. Les interfaces cerveau-ordinateur qui établissent un moyen de communication direct entre un cerveau (ou une culture de cellules cérébrales) et un appareil externe sont encore à un niveau de développement précoce ; mais elles sont pleines de promesses en ce qui concerne, par exemple, l'aide des personnes à mobilité réduite ou des malvoyants[54]. Les prothèses neuronales et les interfaces cerveau-ordinateur visent à atteindre des buts similaires, comme restaurer la vision, l'audition, le mouvement, la capacité à communiquer ou même les fonctions cognitives. Elles utilisent à cette fin des méthodes expérimentales et des techniques chirurgicales similaires.

La psychopharmacologie est à la pointe de la neurotechnologie, et elle évolue vers une science de la création de drogues « rationnelles[55] ». Ces nouvelles drogues qui visent à améliorer les fonctions cérébrales sont souvent utilisées à des fins thérapeutiques pour traiter des troubles neurologiques ou psychiatriques ; mais on les utilise également de plus en plus à des fins d'« amélioration », comme on dit, c'est-à-dire pour tenter d'améliorer ce que l'on suppose être des cerveaux « sains ». De nombreux aspects de nos fonctions psychologiques et cognitives sont visés par la possibilité d'amélioration psychopharmaceutique, comme la mémoire, les fonctions exécutives, l'humeur, l'appétit, la libido et le sommeil.

Ces possibilités d'amélioration des fonctions cérébrales ouvrent sans aucun doute des perspectives nouvelles et stimulantes, mais elles soulèvent aussi des problèmes éthiques importants, ainsi que des problèmes liés aux politiques sociales, par exemple en termes de justification et d'adéquation scientifiques, ou en termes de responsabilité sociale pour l'application et la santé (physique, mentale ou sociale). Qu'est-ce qu'un cerveau humain « normal » ou « amélioré » ? Comment, dans ce domaine de recherches, mesure-t-on l'écart entre ce qui est normal et ce qui est amélioré ? Et qui est autorisé à en décider ? Comme on l'a souligné plus haut, les réponses à ces questions ne vont pas de soi. Qu'est-ce qui distingue exactement une déficience « normale » sévère mais bénigne de la mémoire, liée à l'âge, de la maladie d'Alzheimer ? ou un enfant « normalement » agité d'un enfant souffrant de l'ADHD[56] ? Qu'est-ce qu'un cerveau « en bonne santé » ? Si nous décidons d'améliorer nos cerveaux, quels objectifs devons-nous nous donner, et qui devrait fixer les normes ? En bref : qui devrait faire quoi à qui, et pourquoi ?

La discussion éthique sur les manipulations du cerveau risque de devenir particulièrement critique lorsqu'il est question des tentatives faites pour améliorer les cerveaux qui sont déjà en bon état, ou qui semblent l'être. Quand nous tentons de soigner une maladie ou un trouble graves, il y a potentiellement beaucoup à gagner. Il y a aussi parfois relativement peu à perdre, et il se peut par conséquent qu'il vaille la peine d'essayer des méthodes nouvelles et relativement incertaines. Par opposition à cela, si nous tentons d'améliorer ce qui, à notre connaissance, n'est pas endommagé, il y a alors plus à perdre et moins à gagner, comme il est facile de le montrer. Dans un cas comme dans l'autre, sa nature complexe et sensible fait du cerveau humain un objet impropre à la méthode d'essais et erreurs, et toute manipulation doit être réalisée avec beaucoup de précautions.

Le cerveau est l'organe de l'individualité : de l'intelligence, de la personnalité, du comportement, de la conscience – toutes caractéristiques que la science du cerveau est de plus en plus apte à expliquer et à affecter de manière importante.

Alors que notre connaissance du cerveau augmente, ce que nous sommes habitués à considérer comme notre sphère privée – le contenu de nos esprits – devient progressivement l'objet de l'attention publique et de plus en plus ouvert au regard des autres. Mais la sphère privée de l'esprit reste un territoire sensible. Comme le note Jonathan Moreno, « les biologistes tripotent les microbes et les physiciens font violence aux électrons, mais ceux qui travaillent sur le cerveau et recherchent des moyens d'agir systématiquement sur lui sont véritablement intimes avec leur objet d'étude[57] ». Cette sensibilité est en elle-même une bonne raison pour maintenir un niveau de vigilance élevé en ce qui concerne les mésusages possibles des progrès neuroscientifiques ou neurotechnologiques. En outre, une vigilance de ce type est d'autant plus justifiée que les neurosciences peuvent expliquer et altérer nos esprits plus qu'aucune autre science, et que toute science peut être idéologiquement détournée, de manière d'autant plus dangereuse que la science en question est plus puissante[58].

La recherche scientifique a pour responsabilité primordiale d'être adéquate, ce qui signifie, de manière élémentaire, qu'elle doit répondre aux critères de la méthode, de l'explication et de l'interprétation scientifiques. Pour le dire simplement, il revient à la science d'être digne de confiance. Il en résulte un certain nombre d'exigences : par exemple, qu'il soit possible de répéter les expériences, que les conclusions n'extrapolent pas au-delà de ce qui est justifié par les données, et que les interprétations ne soient pas spéculatives à outrance. Bien que de tels critères puissent paraître évidents, ils sont également assez vagues et admettent différentes interprétations pour lesquelles le contexte d'exercice de la science joue un rôle non négligeable. La science peut, par exemple, être utilisée au service de buts très différents et des désaccords importants peuvent parfois survenir au sein de communautés scientifiques au sujet de ce qui constitue une recherche scientifique bonne ou adéquate, ou encore mauvaise ou inadéquate. Les *usages doubles* de la recherche scientifique sont fréquents ; il s'agit de situations dans lesquelles les résultats peuvent être soumis à des usages différents et potentiellement opposés (cette expression renvoie de manière typique aux applications civiles et militaires, par exemple lorsque le développement de la médecine peut aussi bien servir à sauver des vies qu'à développer des armes létales). De même, il n'est pas rare que les chercheurs exercent des *rôles doubles* : en tant qu'individu, le scientifique peut agir en adoptant des rôles divers qui impliquent chacun des responsabilités et des affiliations différentes (et pas nécessairement compatibles entre elles). On peut remarquer, en particulier, la différence entre le scientifique en tant que chercheur, en tant qu'auteur de rapports, en tant que consultant social, instrument ou conseiller politique, avocat, ou encore témoin. De plus, un scientifique individuel peut être un chercheur capable et responsable dans un certain domaine mais pas dans un autre ; ou consciencieux dans un certain contexte mais pas dans d'autres, etc. En résumé, il existe un grand nombre de manières différentes par lesquelles la science peut faire l'objet de mésusages, et il n'est pas toujours évident de savoir où l'on doit tracer la ligne de démarcation entre usage correct et mésusage, ni de déterminer qui, dans cette perspective, devrait être chargé de le faire.

Les responsabilités de la science sont au nombre de trois au moins ; elles impliquent de respecter :

(1) l'adéquation scientifique,

(2) la clarté conceptuelle,

(3) la responsabilité sociopolitique dans l'application.

De manière générale, ces responsabilités doivent toutes être conçues dans une perspective interdisciplinaire, dans la mesure où les évolutions scientifiques posent souvent de nouveaux défis à un grand nombre de disciplines différentes. Dans le contexte des neurosciences, la compréhension des processus neuraux qui sous-tendent les comportements complexes, tels que le jugement moral ou la prise de décision rationnelle, présente un grand intérêt pour les sciences naturelles et sociales, ainsi que pour la philosophie et l'éthique. Afin de parvenir à une telle compréhension et d'être capable de l'utiliser correctement, il est nécessaire de disposer de connaissances provenant d'un grand nombre de domaines du savoir dans le champ interdisciplinaire de la neuroéthique.

Les chercheurs dans ce domaine ont une responsabilité commune s'agissant de la formulation de suggestions réalistes pour des applications futures, et pour aider à fournir des outils adéquats pour que les applications puissent être réalisées de manière responsable. Ce n'est malheureusement pas toujours le cas. Un exemple de suggestion scientifiquement inadéquate concerne la possibilité prétendument nouvelle de « lire les esprits » au moyen d'implants électroniques dans le cerveau ou de scanners fonctionnels obtenus par imagerie par résonance magnétique fonctionnelle (IRMf). L'IRMf a de nombreuses applications intéressantes et bénéfiques : par exemple, l'usage d'IRM fœtale pour dresser « de meilleurs diagnostics des anomalies structurelles du système nerveux central », ou « l'utilisation de l'IRMf pour déterminer des niveaux de conscience chez les patients présentant des états […] de conscience minimale ». Mais on a également ajouté à cette liste de « possibilités » prétendument « réelles » « l'usage de cartes du cerveau pour filtrer dans nos aéroports nationaux affairés les passagers qui présentent une propension à la violence, pour sélectionner les gérants de portefeuilles chargés de s'occuper de nos investissements financiers, et même pour choisir des partenaires pour la vie sur la base de profils cérébraux compatibles en ce qui concerne la personnalité, les intérêts et les désirs[59] ». Comme je l'ai montré ailleurs, aucune de ces possibilités ne peut prétendre être « réelle », et elles ne resteront au mieux que des expériences de pensée tant qu'un nombre considérable de questions philosophiques et scientifiques n'auront pas été résolues.

Le problème philosophique du déchiffrage de l'esprit a fait l'objet d'une discussion relativement détaillée dans le premier chapitre. Afin de recentrer à présent notre propos sur l'un de ses aspects les plus concrets, nous pouvons ajouter ici qu'il semble tout à fait improbable que les scanners du cerveau puissent détecter des individus dangereux en mesurant leur « propension à la violence ». Pour commencer, une telle propension ne constitue pas un problème en elle-même ; elle peut même s'avérer un atout dans certains contextes. Le besoin instinctif d'être violent n'est pas nécessairement néfaste ; il ne devient un problème que s'il n'est pas contrôlé. Inversement, le manque de contrôle émotionnel peut poser problème, même en l'absence de « propension à la violence ». Une personne émotionnellement non violente peut également ment commettre de sang-froid des actes affreux. Ce n'est pas la violence en pensée ou en sentiments qui pose problème du point de vue de la société – du moins pas dans le contexte de la sécurité aéroportuaire –, c'est le degré de violence des événements ou des actes réels causés ou commis par des personnes ; et le lien entre personnalité, propension et dangerosité effective n'est pas si simplement ni si facilement quantifiable, comme le suggèrent des exemples de ce type. Les scanners du cerveau qui mesurent la propension à la violence échoueraient à détecter les personnes les plus dangereuses de toutes : celles qui commettent des violences sans aucune implication émotionnelle (et il est » possible que ce soient celles-là mêmes qui réalisent les scanners).

L'identification des cerveaux « terroristes », qui a été brièvement mentionnée plus haut, constitue de même une suggestion d'application neurotechnologique irresponsable d'un point de vue scientifique[60]. Être un « terroriste » n'est pas un état biologique mais un rôle essentiellement sociopolitique. Les critères du « terrorisme » sont fondamentalement normatifs, et ils varient considérablement en fonction des individus, des cultures et des sociétés. D'un point de vue historique, c'est une stratégie bien connue que d'utiliser une telle accusation afin de se débarrasser d'opposants indésirables. Mais, indépendamment de la manière dont ce terme est défini ou dont ces critères sont interprétés, aucun scanner du cerveau ne peut mesurer ni identifier biologiquement le « cerveau terroriste », ne serait-ce qu'en théorie ; car rien de tel n'existe hors de l'imagination.

Il existe des travaux scientifiques sérieux qui portent sur l'interprétation des activités du cerveau ; ils sont par exemple consacrés à la lecture d'intentions cachées[61] ; et, au vu de cela, il apparaît d'autant plus irresponsable de suggérer des applications irréalistes telles que celles qui ont été mentionnées ci-dessus : non seulement ce n'est pas compatible d'un point de vue théorique avec une bonne pratique scientifique, mais cela peut également avoir des conséquences sociales très néfastes. Dans le système de la justice criminelle notamment, où de nombreuses applications ont pu être suggérées pour la recherche en neurosciences, un sens élevé des réalités est nécessaire, ainsi qu'une clarté conceptuelle et une justification scientifique, afin de préserver les droits légaux des individus. La science se dessert elle-même lorsqu'elle suggère des usages irréalistes ou spéculatifs et détourne par là l'attention d'usages potentiellement bons, tout en augmentant par ailleurs le risque d'éveiller la méfiance du public. De telles suggestions peuvent provoquer des dommages considérables, tout particulièrement dans une société imprégnée par la peur, car elles conduisent à voir des menaces où il n'y en a aucune, alors que les dangers réels demeurent inaperçus[62].

De manière générale, il est trivial d'objecter à l'encontre d'un domaine spécifique de la recherche scientifique qu'il est possible de mal l'utiliser, car il nous est toujours possible de mal utiliser la science. Cependant, il se peut que le contexte ne soit pas trivial et, si l'on donne un contenu à l'objection en indiquant des références contextuelles spécifiques, il peut s'avérer que celle-ci ne soit pas du tout triviale. La manière dont la neurotechnologie est appliquée dans la société dépend clairement de la société dont il est question. Une technique peut être acceptée dans une société mais rejetée dans une autre ; elle peut faire l'objet d'une surveillance attentive dans une société et laissée aux prises du marché libéral dans une autre. Bien que l'on puisse tirer des conclusions générales à propos des usages et des mésusages, il est préférable d'examiner ce type de question de manière contextuelle et en référence à des circonstances spécifiques (économiques, politiques, légales ou autres).

3.2. USAGES DOUBLES DANS UN MONDE QUI N'EST PAS VRAIMENT LE MEILLEUR

Le XXe siècle a été une période de visions politiques fortes, autour desquelles on a construit des idéologies politiques qui en sont venues à dominer des pays sur tous les continents. Certaines de ces idéologies ont imposé et continuent à imposer des limites plus ou moins strictes sur la connaissance scientifique que l'on tient pour acceptable, ou dont on pense qu'il est souhaitable de la rechercher, ainsi que sur les méthodes admises pour atteindre ces buts acceptés. Des règles sont en outre imposées parfois pour restreindre la libre circulation des scientifiques, de même que celle du matériel et des données scientifiques. Un grand nombre de critères éthiques pour les scientifiques obéissent à des idéologies politiques particulières, lorsqu'ils recommandent, par exemple, que les scientifiques (ou d'autres personnes en position de responsabilité) soient fidèles en tant qu'individus à la démocratie[63], au communisme[64], au socialisme[65] ou à d'autres idéologies telles que le pacifisme[66] ou le patriotisme[67] – voire qu'ils se mettent à leur service.

Les intérêts d'État ont parfois limité la liberté de la science sous un certain nombre d'aspects différents, par exemple en termes de développement industriel, national et militaire. La science a été utilisée pour renforcer les territoires (les principautés, les royaumes et, dans l'histoire moderne, les États-nations), et la recherche a été souvent dirigée pour satisfaire les intérêts politiques du territoire, par exemple de l'État. Dans un grand nombre de pays, la recherche pour le développement de la puissance militaire et économique de l'État a également été généreusement financée, et les XIXe et XXe siècles ont vu se développer un soutien nationaliste à l'industrie, alors que la science devenait de plus en plus dépendante des intérêts nationaux des États[68].

Ces intérêts étaient en grande partie de nature militaire. Un coup d'œil rapide aux principales branches technologiques actuelles (telles que la technologie liée aux ordinateurs, la biotechnologie, l'optique, l'industrie de l'aviation, le développement de micropuces ou la production de nouveaux matériaux) révèle que la recherche dans les parties centrales de ces domaines a commencé à des fins militaires et s'est développée par la suite (en partie) vers la production civile. Une des raisons pour lesquelles les pays concentrent leur attention sur l'usage de la science est que la compétition entre les pays et leurs industries se déroule de plus en plus sur le front économique. Dans la mesure où les pays dépendent de leurs industries pour l'emploi, pour les recettes fiscales et la défense militaire, il n'est pas rare que leurs gouvernements cherchent à influencer les institutions de recherche et les universités afin qu'elles adaptent leur recherche aux besoins industriels du pays et de ses principales entreprises.

Le processus de globalisation moderne a considérablement affaibli le pouvoir politique et économique de l'État-nation. L'économie des pays industrialisés est basée de plus en plus sur la production de connaissances plutôt que sur celle de biens matériels[69]. Des pans importants de cette connaissance sont aujourd'hui produits au sein des secteurs privés. Dans l'intérêt du profit, l'exploitation de la connaissance est de plus en plus privatisée, notamment au travers des lois sur les brevets. Les fonds sont investis dans des domaines de recherche dont on attend qu'ils fournissent un profit maximum plutôt que dans des domaines où ils serviraient l'intérêt général et la société dans son ensemble. Un problème qui se pose ici est que les systèmes politico-économiques qui dominent à l'échelle globale sont résolument dirigés vers le profit à court terme afin de satisfaire les demandes des marchés, ce qui signifie que les scientifiques financés par des agences elles-mêmes orientées vers le profit se voient dans l'obligation de produire des résultats rapides et réguliers. Puisque la part du financement de la recherche qui provient de ce type de sources financières est en augmentation, un nombre de plus en plus grand de scientifiques se voient pris dans cette tendance. Les conséquences en termes de responsabilité sociale (pour ne pas dire globale) sont très graves.

Cependant, bien qu'il soit possible que la globalisation ait affaibli le pouvoir économique de l'État-nation, ce processus n'a pas diminué le besoin de sécurité nationale qui peut être ressenti. Dans l'esprit de la description de la condition naturelle de l'humanité donnée par Hobbes, et en dépit des développements culturels et sociaux considérables qui se sont produits depuis lors, les êtres humains vivent toujours dans un monde dominé par la crainte et ils tendent à considérer les individus étrangers, à tort ou à raison, comme des dangers potentiels. Et, face à un danger perçu, il est bien sûr naturel de rechercher le pouvoir. On peut cependant noter, de manière intéressante, que l'augmentation du pouvoir n'augmente pas nécessairement la sécurité, à moins d'être associée à une évaluation réaliste du risque, comme l'ont remarqué les penseurs politiques au cours de l'histoire. Plus encore qu'un état de fait, la sécurité est, pour une large part, un état d'esprit. Par exemple, la croissance de la puissance américaine au cours du XXe siècle ne semble pas avoir conduit à une plus grande sécurité mais plutôt à une extension de l'éventail des menaces perçues auquel on prétend qu'il est urgent de faire face[70].

Ce besoin ressenti a notamment pour résultat que les neurosciences reçoivent un soutien économique considérable. L'intérêt militaire pour la science en vue du développement d'armes nouvelles, et en particulier mais pas exclusivement pour les neurosciences, est énorme. Selon Moreno, « en 2002, l'Association des universités américaines a recensé 350 universités qui ont passé des contrats de recherche avec le Pentagone, soit 60 % du financement de base de la recherche[71] ». Les exemples d'objectifs militaires des neurotechnologies discutés par Moreno incluent de nombreuses méthodes au moyen desquelles les organismes chargés de la sécurité nationale cherchent à exploiter le système nerveux humain : comme une arme dirigée contre l'ennemi, comme une technologie pour lire à distance des schémas de pensée, pour le développement de médicaments « antisommeil » améliorant les performances guerrières des soldats, et d'autres médicaments qui diminuent leurs réactions émotionnelles face à la violence ou qui effacent les souvenirs traumatiques ; ou encore des avancées pouvant ouvrir la porte à des « armes neurales », notamment des molécules transportées par des virus pour affecter le cerveau[72]. En conclusion de cette discussion, Moreno appelle les scientifiques et les citoyens à se réveiller et à commencer à se confronter sérieusement au problème des applications militaires d'une science aussi puissante et aussi intime.

Une question évidente qui se pose dans ce contexte est de savoir comment cet intérêt marqué des militaires pour les neurosciences peut affecter l'éventail et la nature de leurs applications. C'est un problème central auquel la neuroéthique doit se confronter. Il est également crucial pour les chercheurs en neuroéthique d'examiner de plus près leurs propres procédures et conditions de financement : quelle est la part des activités neuroéthiques, aux États-Unis, en Europe et ailleurs, qui est financée directement ou indirectement par des institutions militaires ? Quels effets cela peut-il avoir sur ces activités ?

Dans la mesure où nous souhaitons empêcher les armées de commettre les atrocités qu'elles commettent de fait (que ce soit au nom de la pureté raciale ou ethnique, de l'expansion géographique, de la sécurité nationale ou de la liberté), ce n'est sans doute pas une bonne idée que de présenter des « armes neurologiques » aux militaires, et c'est assurément une mauvaise idée que de leur laisser un contrôle ou une influence économique ou idéologique sur les neurosciences ou sur la recherche en neuroéthique. La prévention des crimes de guerre la plus efficace consisterait à établir des accords internationaux contraignants, tels que la convention de Genève de 1949. Et pourtant, il semble que les pays qui sont aujourd'hui les plus préoccupés par leur sécurité et qui utilisent en outre la guerre comme un moyen pour parvenir à leurs fins sont bien loin de respecter de tels accords, et, si les conventions internationales ne sont pas respectées, l'accès des militaires à la recherche en neurosciences, et peut-être même leur capacité à l'influencer, devient effectivement une question très sérieuse[73]. Que les avantages d'une neurotechnologie spécifique suffisent ou non à contrebalancer les risques possibles de mésusages (civils ou militaires), c'est là une question essentiellement sociopolitique, à laquelle doivent répondre dans un effort conjoint les chercheurs en sciences naturelles et en sciences sociales, les philosophes et les politiques. La conscience historique et politique est de la plus grande importance pour que la neuroéthique puisse évaluer d'une manière responsable et réaliste les applications suggérées par les neurosciences.

4. Conclusion :
vers une philosophie de la neuroéthique

Les exemples ne manquent pas à l'appui de la conception de ceux qui pensent, avec Koestler et Lorenz, qu'il y a peut-être un dysfonctionnement inhérent au cerveau humain qui nous rend enclins à la destruction de nous-mêmes et, à plus grande échelle, de notre environnement. Assurément, il n'a pas fallu longtemps pour que les humains s'intéressent à l'usage des neurosciences à des fins destructrices, en visant par exemple à développer des « armes neurologiques ». Cependant, même dans la mesure où ces conceptions pessimistes peuvent être justifiées en référence à la théorie scientifique et aux faits historiques, cela n'implique pas que ce soit là notre destin ultime ni une situation immuable. Il est possible, au

moins par hypothèse, que se développent des structures cérébrales cognitives et émotionnelles plus constructives. Selon la
nouvelle conception du cerveau suggérée par le modèle du
matérialisme éclairé, l'être humain a un pouvoir d'influence,
certes modeste, sur son propre développement et sur son
futur, biologiques aussi bien que culturels. La nature dynamique du cerveau et de l'esprit humains, la tension émotionnelle
et la lutte de pouvoir qui nous définissent, y compris au
niveau neuronal, et la mesure dans laquelle nous pouvons agir
sur ses résultats, ont été autant de thèmes centraux tout au
long de ce livre.

Le matérialisme éclairé s'accorde dans l'ensemble avec
une conception dynamique de la nature. Les réalités que nos
cerveaux construisent, y compris les conceptions que nous
avons de nous-mêmes, se modifient sans cesse et évoluent
dans une quête de sens permanente. Dans ce modèle, nous
n'apparaissons pas comme des machines biologiques enchaînées et opérant de manière automatique, mais comme des
créatures avec un certain pouvoir d'action sur notre réalité et
capables de créer du sens. Le sens, la dignité, la *raison d'être*[74]
ainsi que d'autres notions si chères aux humains sont des
constructions du cerveau, mais dans cette mesure nous *acquérons un pouvoir* sur elles, d'une manière telle qu'on n'a jamais
conçu que des dieux imaginés ni des lois de la nature fixes
puissent nous en donner un.

D'un point de vue scientifique et de façon importante,
comprendre ce pouvoir implique de comprendre la nature
véritable de l'être humain (ou d'autres êtres suffisamment
semblables) : cela implique de comprendre qui nous sommes,
ce qui nous motive, pourquoi nous développons les structures
sociales que nous construisons, pourquoi nous agissons et réagissons comme nous le faisons, etc. Il est bien connu qu'au
cours de l'histoire et en dépit du progrès de nos sciences,

nous avons été mauvais dans la compréhension que nous avons de notre propre nature et de nos identités neuroculturelles, et ce pour de multiples raisons, dont certaines ont été examinées dans ce livre. Une telle connaissance est cependant une condition préalable pour que nous devenions capables de développer une conception de nous-mêmes qui soit saine, dynamique et non dissociative, et pour que nous puissions exercer une influence intelligente sur notre futur. Il est possible de développer les nouvelles sciences de l'esprit, que j'ai décrites comme « psychophiles » en raison du fait qu'elles rompent avec les traditions de psychophobie des XIXe et XXe siècles, de sorte qu'elles constituent un fondement scientifique fructueux pour la bonne intégration à nos sociétés et à nos conceptions du monde d'une image neuroculturelle de nous-mêmes qui soit intellectuellement et émotionnellement réaliste et responsable.

Une tâche importante pour la neuroéthique est de développer plus avant cette conception neuroculturelle non dissociative et dynamique de la nature humaine. Elle devra s'interroger pour cela sur la façon dont la nature humaine devrait être comprise et intégrée de manière constructive à nos sociétés et à nos conceptions du monde, sans que soient ignorés les besoins psychologiques humains fondamentaux, tels que le besoin de mysticisme, de contemplation ou de communion.

La neuroéthique se concentre sur les aspects à la fois théoriques et pratiques de ce problème : la neuroéthique fondamentale s'interroge sur la manière dont la connaissance de l'architecture fonctionnelle du cerveau et de son évolution peut approfondir la compréhension que nous avons de notre identité personnelle, de la conscience et de l'intentionnalité, ce qui inclut le développement de la pensée morale et du jugement moral ; la neuroéthique appliquée étudie l'éthique des neurosciences, par exemple les problèmes éthiques que soulèvent les techniques d'imagerie neuronale, l'amélioration cognitive ou la neuropharmacologie. Dans la mesure où l'on ne peut parvenir à la responsabilité scientifique en l'absence d'adéquation scientifique, la neuroéthique appliquée a besoin des fondements théoriques que devrait lui fournir la neuro-éthique fondamentale pour pouvoir examiner correctement ces problèmes d'application.

J'ai suggéré dans ce livre qu'une conception du cerveau selon les lignes du matérialisme éclairé pouvait constituer un point de départ scientifiquement adéquat et philosophique-ment fructueux pour établir de tels fondements. Ce nouveau modèle dynamique du cerveau ne considère pas le cerveau comme un automate biologique rigide ni comme une machine béhavioriste, ni non plus comme un ordinateur dénué d'émotions, mais comme un organe émotionnel, dyna-mique et variable, actif de manière autonome (de façon cons-ciente et non consciente) et qui a évolué en une symbiose socioculturelle-biologique. Ce modèle met en lumière l'importance de l'impact social sur l'architecture du cerveau, notamment à travers le poids considérable des empreintes culturelles qui y sont épigénétiquement stockées.

La notion de « responsabilité naturaliste », que nous avons introduite ici, acquiert une signification particulière du fait des relations causales étroites, mises en lumière par le modèle du matérialisme éclairé, entre « l'inné et l'acquis », entre les structures neurobiologiques et les structures socio-culturelles. Loin de conduire à confondre de manière trom-peuse les faits et les valeurs et loin de sombrer dans le piège classique du « sophisme naturaliste », le fait que le matéria-lisme éclairé reconnaisse que la nature humaine tout comme les sociétés humaines sont le produit à la fois de nos architec-tures cérébrales et des environnements dans lesquels elles se sont développées, suggère d'adopter un programme scientifique constructif, interdisciplinaire et chargé de responsabilité. Le sophisme naturaliste devient ainsi une responsabilité.

On a prédit que les neurosciences donneraient naissance à des révolutions scientifiques avec des conséquences sociales d'une grande portée. Cela confère à la question de la responsabilité scientifique toute son actualité. Cette responsabilité est au moins triple : elle implique de respecter l'adéquation scientifique, la clarté conceptuelle et la responsabilité sociopolitique en ce qui concerne les applications. D'un point de vue social, le problème des usages doubles de la recherche neuroscientifique est un problème important. L'une des questions qui se posent dans ce contexte est de savoir comment l'intérêt marqué que les militaires portent aux neurosciences et qui se manifeste par exemple par un financement important de leur part, peut affecter l'éventail et la nature des applications de ces dernières. C'est un problème central auquel doit se confronter la neuroéthique appliquée. Il est également crucial pour les chercheurs en neuroéthique de porter un regard attentif à leurs propres procédures et conditions de financement : quelle est la part des activités en neuroéthique aux États-Unis, en Europe ou ailleurs, qui est directement ou indirectement financée par des entités militaires, et quels effets cela peut-il avoir sur ces activités ? Que les bienfaits d'une neurotechnologie spécifique suffisent ou non à contrebalancer les risques possibles de mésusages (civils ou militaires), c'est là une question essentiellement sociopolitique à laquelle doivent répondre dans un effort conjoint les chercheurs en sciences de la nature et en sciences sociales, les philosophes et les politiques.

Bien que nos actions aient des conséquences d'une grande portée dans l'espace et dans le temps, notre égocentricité cérébrale (psychologique, somatique et spatio-temporelle) nous retient prisonniers dans un minuscule monde égocentrique, et cela ne nous aide pas à penser et à prévoir de manière globale ou à long terme. Pourtant, les tentatives faites pour établir des normes globales sont devenues une préoccupation de plus en plus pressante ces dernières années. Il se peut que les critiques voient cela comme une tentative mal avisée pour étendre l'égocentricité naturelle des humains en prétendant que des valeurs adoptées par une minorité sont universellement valides. Mais on peut également considérer que la convergence vers une civilisation universelle constitue un « projet d'éducation éclairée » au vu du fait que certains problèmes requièrent des approches globales pour être résolus. Envisagé comme un projet d'éducation éclairée, le projet d'atteindre un accord global sur certains problèmes doit être poursuivi, à mon sens, sur la base d'une connaissance solide de l'histoire, des cultures *et* de la neurobiologie, notamment pour les problèmes qui sont essentiels à la vie et à la survie, ainsi que pour les problèmes qui concernent de manière profonde l'identité ou la dignité humaines. La conception égocentrique a des composantes à la fois biologiques et culturelles, et celles-ci doivent être comprises afin que soit étendue la perspective normative pour inclure ce qui est éloigné dans le temps, dans l'espace, ou d'un point de vue culturel.

La responsabilité naturaliste a ainsi plusieurs visages ; elle est théorique aussi bien que pratique, naturaliste aussi bien que sociale ; mais, dans sa pluralité, elle pose fondamentalement la question de l'unification. L'être humain fait partie de la nature, il n'est pas « au-dessus » d'elle et n'en est pas séparé ; la conscience qu'ont développée les humains et d'autres animaux est une fonction de leurs cerveaux, elle n'en est pas séparée. Cette fonction a évolué en étroite interaction avec des environnements naturels et culturels variés, et, par conséquent, elle ne peut pas être correctement comprise indépendamment de ces environnements. Au lieu de se développer séparément, ces perspectives multiples et les disciplines qui les étudient doivent unir leurs forces si nous devons jamais parvenir à une compréhension interthéorique plus approfondie de l'esprit, du cerveau et de la grande diversité des sociétés que les espèces intelligentes ont créées.

D'un côté, cela peut sembler évident au point d'être trivial, car il y a effectivement de nombreux exemples de programmes scientifiques interdisciplinaires associés aux neurosciences et, comme on l'a dit, les conflits autour de la sociobiologie pendant les années 1970 sont sans aucun doute un vestige des jours anciens. D'un autre côté, les vieux démons ne sont pas tout à fait morts : le matérialisme naïf n'a pas disparu des communautés scientifiques, pas plus que la superstition religieuse. J'ai décrit plus haut des croyances exagérées et en grande partie injustifiées au sujet de ce que pourraient accomplir les neurosciences – dans certains contextes, de telles croyances peuvent devenir extrêmement dangereuses ; j'ai également décrit certaines conceptions, à mon sens préoccupantes, de la manière dont les neurosciences pourraient être utilisées.

Le cerveau humain commence peu à peu à se comprendre lui-même. C'est un événement unique dans l'histoire, et nous sommes encore au début de ce processus. De quelle manière allons-nous réagir et utiliser cette connaissance ? C'est là une question qui n'est encore que matière à hypothèse et à des choix plus ou moins informés. À l'aube de cette nouvelle clarification, il nous faut rester vigilants ; mais la vigilance ne doit pas empêcher l'optimisme. Il se peut que nous choisissions de bien utiliser notre pouvoir et que nous choisissions d'évoluer, biologiquement aussi bien que culturellement, pour devenir ce que nous considérons être des créatures « meilleures » qui développent des sociétés plus avancées.

Les valeurs que nous sélectionnerons et les méthodes que nous choisirons pour les atteindre joueront un rôle essentiel pour déterminer si la clarification et la compréhension neuro-scientifiques amélioreront ou au contraire aggraveront la situation difficile dans laquelle se trouvent les humains.

Notes

Introduction

1. En français dans le texte (*NdT*).

1

Quand la matière s'éveille

1. J'entends ici le terme « éthique » au sens de l'analyse des concepts impliqués dans le raisonnement moral, pratique.

2. Dans l'utopie décrite par Bacon dans la *Nouvelle Atlantide* (publiée de façon posthume en 1624), on trouve un institut, appelé maison de Salomon, « dédié à l'étude des œuvres et des créatures de Dieu », avec une référence claire à la condition humaine.

3. Ce sont deux des vertus scientifiques dans la liste classique de Robert Merton, *cf.* Merton (1973).

4. John Ziman (1998).

5. *Cf.* par exemple David Resnik (1998) pour un exposé de cette évolution.

6. Pour un compte rendu européen de certains de ces efforts, voir Evers (2004).

7. Changeux (1996), p. 114.

8. Farah *et al.* (2004) passent en revue certaines de ces initiatives.

9. *Cf.* par exemple Didier Sicard (2006) pour une discussion sceptique.

10. Monod (1970).

11. Edelman (1992), p. xiii.

12. *Cf.* par exemple Colin Blakemore (1988) ou, plus récemment, Michael Gazzaniga (2005), p. 102.

13. *Cf.* par exemple les travaux de Jean-Pierre Changeux, Stanislas Dehaene, Gerald Edelman et Joseph LeDoux.

14. Changeux a souligné cette idée au cours de discussions. Cette modestie est rejetée par John Bickle (2003, 2006), qui affirme que les neurosciences sont suffisamment avancées pour que les neurosciences moléculaires puissent expliquer directement des comportements complexes. Il semble que Bickle ignore l'importance de l'architecture du cerveau pour expliquer les fonctions cognitives supérieures, ce qui explique peut-être sa confiance en des solutions simples.

15. J'utiliserai ici le terme conscience selon la définition de sens commun employée par John Searle (1997), p. 5 : la conscience est un état d'attention pouvant présenter différents degrés d'intensité, qu'il s'agisse d'un état de veille ou de sommeil et de rêve.

16. Illes (2002, 2003, 2004).

17. *Cf.* par exemple Libet, Freeman et Sutherland (éds.) (1999).

18. *Cf.* par exemple Greene *et al.* (2001), Koenigs *et al.* (2007).

19. *Cf.* par exemple Hanna Damasio *et al.* (1994), et Antonio Damasio (1994).

20. *Cf.* par exemple Phelps *et al.* (2000), Hart *et al.* (2000).

21. *Cf.* par exemple LeDoux (1998), Öhman (1986, 2000, 2001).

22. *Cf.* par exemple Langleben *et al.* (2002).

23. Farah *et al.* (2004).

24. A. Roskies (2002).

25. *In* Diderot, *Œuvres complètes*, Jules Assézat et Maurice Tourneux (éds.), 20 vol., Paris 1875-1877 (II-322).

26. *Cf.* par exemple les opinions du Comité consultatif national d'éthique en France dans les années 1980.

27. Marcus (2002).

28. Cranford (1989).

29. Patricia Churchland (1986), Churchland *et al.* (1991).

30. Illes (2006) expose un grand nombre de problèmes de ce type.

31. On peut également discuter cette question (et il le faudrait) dans les termes du sophisme naturaliste (*cf.* G. E. Moore [1903]), ce que je ferai dans le troisième chapitre.

32. Par « fonction », on entend ici le rôle joué par ces réseaux, qui permet l'évolution du cerveau et la stabilisation neuronale.

33. *Cf.* par exemple Hanna Damasio *et al.* (1994).

34. Voir le livre de David Heyd (1992) qui porte ce nom.

35. Cette position est fermement adoptée par Ian Wilmut (1997).

36. *Cf.* Changeux (1983), et Edelman et Tononi (2000).

37. Darwin (1859).

38. Broca (1861).

39. Broca (1873). Pour un exposé plus détaillé et très amusant, *cf.* Gould (1981).

40. Environ 1 500 Scandinaves, dont un grand nombre d'officiers et de soldats, ont participé à ce génocide qui a fait l'objet d'une exposition au musée ethnographique de Stockholm en 2005 : « Kongospår ».

41. Edward O. Wilson a forgé ce terme dans son livre *Sociobiology : the New Synthesis* (1975).

42. Allen *et al.* (1975). Le philosophe chinois Mo Tzu a formulé une idée très similaire : il a violemment critiqué le fatalisme fondé sur des arguments sociaux, voyant là un obstacle au développement social du bien-être humain. Voir le *Mo Tzu*, première partie, chapitre 35 (Ve siècle avant J.-C.).

43. L'idée, difficile à vaincre, de la biologie comme destin, comme détermination innée, est critiquée avec force détails et vidée de sa substance par Stephen Jay Gould dans son ouvrage désormais classique : *La Mal-Mesure de l'homme* (1981).

44. Le processus évolutionniste épigénétique du développement du cerveau est décrit par Changeux (2004), chapitre 6.

45. *Cf. Stanford Neuroethics Newsletter*, février 2006. Voir également le chapitre 4.

46. Changeux (2004), p. 6.

47. Aristote considère Leucippe comme le fondateur de l'atomisme grec, mais bien que deux œuvres lui soient attribuées, *Sur l'intellect* et *La Grande Cosmologie*, leur contenu demeure inconnu. On connaît mieux les écrits de Démocrite, plus abondants, mais il est probable qu'ils ont été fortement influencés par son prédécesseur.

48. Pour un compte rendu détaillé de l'histoire du matérialisme, *cf.* Friedrich Lange (1902).

49. [En français dans le texte (*NdT*).] *Cf.* par exemple une lettre de Voltaire à d'Alembert, datée du 28 novembre 1762.

50. Pour une intéressante présentation du matérialisme éclairé de Diderot, voir Olivier Bloch (2005).

51. *Cf.* par exemple Bloch et McKenna (1998).

52. Cette interprétation est suggérée par Changeux (2004), p. 5.

53. Selon l'historien italien Redondi (1987), Galilée a été condamné en raison de ses conceptions atomistes de l'Univers, bien qu'il soit difficile de l'affirmer dans la mesure où les archives du Vatican demeurent soumises à un contrôle strict.

54. Conception décrite dans son poème *De la nature*.

55. Dans l'*Éthique*.

56. Gall et Spurzheim (1819).

57. Broca (1878), Wernicke (1895).

58. Platon et Hippocrate sont des exceptions : tous deux étaient céphalocentriques.

59. LeDoux (1998), p. 268.

60. Antonio Damasio (2000), p. 7.

61. Le terme « sciences de l'esprit » a été forgé par Joseph LeDoux (1998), p. 39, pour désigner les recherches philosophiques et empiriques sur l'esprit, qui étudient à la fois les aspects cognitifs et émotionnels. *Cf.* la discussion sur les sciences cognitives au paragraphe 1.3.2.

62. John Broadus Watson (1928), p. 5.

63. Watson (1913).

64. La question de savoir si la vie mentale intérieure peut être publiquement observée (ne serait-ce que de façon théorique) est toutefois sujette à controverse ; *cf.* plus bas la discussion sur la cartographie du cerveau et la neurosémantique.

65. Watson (1928), p. 6.

66. Skinner (1953), p. 30.

67. Ryle (1949).

68. Burt (1962), p. 229.

69. Koestler (1967), p. 5. Il n'y avait pas beaucoup d'aspects intéressants du comportement humain qui puissent être étudiés par les béhavioristes sans faire référence à des états mentaux et sans reposer sur aucun compte rendu introspectif, mais seulement sur des mesures quantifiables en laboratoire. Peut-être est-ce en conséquence de cela que les béhavioristes ont développé un grand intérêt pour le comportement des rats, ce qui conduit Koestler à parler du béhaviorisme comme de la « philosophie du ratomorphisme », qui se donne pour objectif « la ratisation de l'homme » (1967), p. 15.

70. J'introduis cette notion ici parce que je considère qu'elle est utile pour décrire la position béhavioriste, mais, à ma connaissance, ce n'est pas un terme standard.

71. Changeux (1996), p. 117.

72. Crick (1994), Dennett (1991).

73. Crick (1994), p. 3.

74. Illes et Racine (2005), p. 12.

75. On aurait pu utiliser ici le terme « introspection » ; cependant, en raison du fait qu'il est d'une certaine manière chargé de théorie, je préfère utiliser le terme « autoréflexion » qui, je l'espère, est plus neutre.

76. Crick, comme le dit poliment Searle, est un neuroscientifique de premier rang qui a été « mal conseillé par les philosophes ». Crick a écrit son livre à une époque où les neurosciences n'étudiaient pas véritablement la conscience, comme le souligne Damasio (2000) ; il a donc quelque excuse, à la différence d'un philosophe comme Daniel Dennett qui n'en a vraiment aucune – ce qui peut expliquer le traitement plus sévère que fait Searle de ses positions. Il semble également que Searle soit irrité par le ton belliqueux de Dennett.

77. C'est ce qu'affirme Searle dans sa discussion des conceptions de Dennett, *cf.* Searle (1997), p. 112.

78. Changeux prend explicitement parti en faveur de cette caractérisation de la conscience, *cf.* Changeux (2004), p. 210.

79. Voir Searle (1997), p. 98, 210-213. Les arguments de Searle prennent appui sur un grand nombre d'autres travaux en philosophie ; Searle fait lui-même référence en particulier à Frank Jackson, Thomas Nagel et Saul Kripke.

80. Kant (1781).

81. Changeux (1983, 2004).

82. Leibniz (1686) a formulé ce qui est devenu célèbre depuis lors sous l'appellation *loi de Leibniz* ; il s'agit en réalité de deux principes et non d'un seul. Selon le principe de l'*identité des indiscernables* énoncé par Leibniz, si *x* et *y* ont exactement les mêmes propriétés, alors *x* et *y* sont identiques, et toute propriété quelconque possédée par A est possédée par toute chose identique à A. Si *x* et *y* sont identiques, alors, selon la loi de l'*indiscernabilité des identiques* de Leibniz, *x* et *y* ont exactement les mêmes propriétés. Dans une formulation ne contenant que des termes singuliers, on dira que *tout ce qui vaut pour A* (tout ce qui est vrai de A, toute propriété quelconque que possède A) *vaut pour* (est vrai de, est une propriété de) *tout ce qui est identique à A* (*cf.* Evers [1999a]).

83. *Cf.* Edelman et Tononi (2000), p. 220.

84. Je laisserai désormais de côté le mot « fini », et je supposerai que l'esprit humain est essentiellement fini.

85. Illes et Racine (2005).

86. Le contenu d'une pensée n'est pas épuisé par son contenu sémantique.

87. Le terme « théorique » fait ici référence à la possibilité scientifique, et pas seulement logique.

88. *Cf.* Dehaene, Sergent et Changeux (2003), et Dehaene et Changeux (2005).

89. L'hypothèse de l'espace de travail neuronal, développée par Dehaene, Kerszberg et Changeux (1998), tente de modéliser à la fois l'intégration et la différenciation de la conscience. Les neurones de l'espace de travail longue distance jouent un rôle privilégié dans ce modèle dans l'espace de travail. *Cf.* Changeux (2004), p. 87-95.

90. *Cf.* Changeux (1983), chapitre 3.

91. Edelman et Tononi (2000), p. 177.

92. Changeux (2004).

93. *Cf.* par exemple Peter Mandik (2003), Dan Ryder (2004), Changeux (2004), p. 49.

94. *Cf.* Pulvermüller (1996).

95. Changeux (2004), p. 54.

96. Schnitzler et Gross (2005).

97. *Cf.* par exemple Fries (2005), Pulvermüller (2005), Kamitani et Tong (2005), Haynes et Rees (2006), Haynes *et al.* (2007).

98. Imagerie par résonance magnétique fonctionnelle (*NdT*).

99. Edelman (2004), p. 5.

100. Edelman (1992), p. 12.

101. Changeux (1983), p. 168.

102. Bachelard (1953), introduction, *cf.* Changeux (2004), p. 7.

103. Searle (1997), p. xiii.

104. Changeux (1983), p. 168. Ce n'est pas un énoncé unilatéralement éliminativiste : un pont ne peut être construit vers un côté qui serait éliminé, à moins que ce pont ne mène au vide.

105. Churchland (1986), p. 284-286.

106. Edelman (1992), p. 13.

107. Philip N. Johnson-Laird (1983), p. 9. *Cf.* Jerry Fodor (1979).

108. Noam Chomsky (1995) adopte une position antinaturaliste de ce type en ce qui concerne le langage.

109. Edelman (1992), p. 14. Cette critique est plus amplement développée dans le postscript.

110. LeDoux (1998), chapitre 2.

111. Gardner (1987).

112. LeDoux (1998), p. 25, 39.

113. Voir par exemple la théorie de l'éveil cognitif de Schachter et Singer, *cf.* Schachter et Singer (1962).

114. LeDoux (1998), p. 42. Par « émotion », il faut entendre ici le concept à facettes multiples développé par LeDoux (1998) et inspiré par Damasio (1994), selon lequel la plupart de ce qui est accompli par l'esprit pendant une émotion a lieu de manière *non consciente*, c'est-à-dire en dehors de l'attention consciente. Dans l'exposé de LeDoux, les émotions sont des processus non conscients qui peuvent parfois donner lieu à un contenu conscient. Les sentiments sont les expériences subjectives par lesquelles les émotions sont connues, et les marques distinctives des émotions du point de vue du sujet qui a l'expérience.

115. Dans l'exposé par Edelman (1992) de la conscience primaire, l'apprentissage est une modification du comportement qui résulte de la catégorisation des stimuli par le cerveau en termes de valeurs positives ou négatives.

116. Le concept de volition non consciente sera discuté au chapitre 2.

117. Gaillard *et al.* (2006), p. 7525. Comme le montre cet article, une évaluation rapide et non consciente est également importante pour le traitement sémantique des mots et pour la reconnaissance des mots écrits (*cf.* Dehaene *et al.* [2005]).

118. Gaillard *et al.* (2006), p. 7528.

119. Changeux (2004), p. 111. Ce processus implique de manière importante une harmonie qui permet en outre à l'organisme de développer sa capacité de contrôle.

120. Schultz *et al.* (1997).

121. Schultz (2006).

122. Searle (1997), p. 48.

123. J'infère cette conception d'une combinaison de l'exposé par Changeux (2004) du cerveau comme étant spontanément actif et projectif, de la théorie de Edelman (1992) selon laquelle les évaluations sont une caractéristique fondamentale de la conscience primaire, et de la théorie de l'émotivité du cerveau formulée par LeDoux (1998).

124. Searle (1997), p. 50.

125. Cet argument rappelle l'idée suggérée par Emmanuel Kant au XVIIIe siècle, dans ses conférences sur la psychologie empirique, selon laquelle les préférences sont des prérequis de la prise de décision rationnelle, et, par extension, de l'intelligence. David Hume a formulé une idée similaire (1739).

126. Voir également le chapitre 2 ci-dessous.

127. Derek Denton (2005) insiste clairement sur ce point.

128. LeDoux (1998), p. 177.

129. Changeux (2004), p. 39.

130. LeDoux (1998), p. 25.

131. Ceci est magnifiquement décrit dans un livre de Koestler, *Le Cri d'Archimède* [*The Act of Creation*] (1964), de même que les horreurs de la capacité de destruction humaine sont bien montrées dans *Le Cheval dans la locomotive* [*The Ghost in the Machine*] (1967).

132. Koestler (1967), p. xi. C'est l'un des principaux thèmes du livre.

133. Lorenz (1963). Nous reviendrons sur cette question dans les chapitres 3 et 4 ci-après.

134. Le réductionnisme naïf, ou éliminativisme naïf, existe toujours (*cf.* par exemple John Bickle [2003, 2006]) ; il connaît cependant un déclin scientifique rapide.

135. Edelman et Tononi (2000), p. 220.

136. Bachelard (1953).

137. Changeux (2004).

138. *Cf.* Evers (2007c).

139. En français dans le texte (*NdT*).

2
Le cerveau responsable

1. G. E. Moore, *in* Schilpp (éd.) (1942), p. 624.

2. Frankfurt (1969).

3. Freeman (1999), p. 276.

4. Cela a déjà été souligné par David Hume, *cf.* Hume (1739), livre II, partie III, section II. Voir section 2.3.1 ci-après.

5. Pour un compte rendu de certaines interprétations contemporaines, voir par exemple Robert Kane (2002).

6. John McCrone (1999) discute du sens internalisé de l'action libre comme d'un artefact socialement induit que l'on peut faire remonter, dans ses versions occidentales les plus récentes, à la rébellion romantique contre l'univers des Lumières, mécaniste et réglé comme une horloge.

7. Patricia Churchland (2002b). *Cf.* Smilansky (2000).

8. Steven Pinker (1997).

9. Churchland (2002a), p. 234.

10. Daniel Dennett (1984), p. 162.

11. Roskies (2006), p. 419.

12. Thomas Clark (1999). Cet ouvrage est en partie une réponse à McCrone (1999).

13. Colin Blakemore (1988).

14. *Cf.* la première partie, *in* Garland (éd.) (2004).

15. Colin Blakemore (1988).

16. Francis Crick (1994).

17. Voir le *Manuel* d'Épictète, par exemple le paragraphe XLV.

18. Je ne nie pas par là que les illusions puissent avoir une valeur, qu'elles puissent, par exemple, être nécessaires ou utiles d'un point de vue évolutionniste. *Cf.* le chapitre 4 ci-après.

19. Edelman (1992), p. 112.

20. Changeux (2004).

21. Voir la théorie de l'unité transcendantale de l'aperception développée par Kant dans la *Critique de la raison pure* (1781).

22. Dans le chapitre précédent, j'ai présenté une version du matérialisme éclairé en tant qu'il constitue un cadre théorique fécond pour la neuroéthique. Une telle position adopte une conception évolutionniste de la conscience, selon laquelle cette dernière est une partie irréductible de la réalité biologique, et elle reconnaît qu'une compréhension adéquate de l'expérience subjective consciente doit prendre en considération à la fois l'information subjective obtenue par auto-observation et l'information objective obtenue à partir d'observations anatomiques et de mesures physiques. Le matérialisme éclairé décrit le cerveau comme un organe plastique, projectif et narratif, actif de manière autonome à la fois consciemment et inconsciemment. Il le décrit, en outre, comme le produit d'une symbiose socioculturelle-biologique, et il suggère que les émotions du cerveau sont la marque distinctive de la conscience.

23. Changeux (2004), p. 8, 9.

24. Le processus évolutionniste épigénétique du développement du cerveau est décrit par Changeux (2004), chapitre 6.

25. *Cf.* la discussion des valeurs innées au chapitre 3 ci-après.

26. *Cf.* la citation de LeDoux (1998), p. 70.

27. Anthony Freeman (1999) soutient un point de vue différent. Les aspects neurobiologiques du sentiment de la liberté sont discutés, entre autres, par Spence et Frith (1999).

28. *Cf.* par exemple les discussions dans Kane (2002) ou Libet, Freeman et Sutherland (éd.) (1999).

29. Une « illusion » est une conception erronée. En neurosciences, on entend principalement par là une erreur des sens, comme une illusion d'optique ou une hallucination. En philosophie, on entend souvent par illusion, plus largement, un point de vue erroné (sensoriel ou non). L'argument que j'avance ici prétend valoir pour les deux sens.

30. Kant a souligné ce point avec vigueur (1781).

31. *Cf.* Hacking (1975).

32. *Cf.* par exemple les derniers énoncés du *Manuel* d'Épictète, paragraphe LIII.

33. *Cf.* par exemple Kane (2002), p. 6, ou Van Inwagen (1975, 1983).

34. Campbell *et al.* (2004), p. 3.

35. *Ibid.*

36. Van Inwagen (1975, 1983) et Ginet (1990) suggèrent par exemple des positions incompatibilistes.

37. *Cf.* par exemple Kane (1996), p. 4, Kane (2002) ou O'Connor (1995, 2000).

38. Sartre (1943).

39. Libet (1999), p. 55.

40. Hume (1739), livre II, partie III, section II.

41. Pour une discussion critique, *cf.* David Hodgson (1999).

42. Celles-ci sont bien décrites par Fung (1952-1953) et par Chan (1963).

43. C'est là un thème favori dans la tragédie grecque, voir par exemple la narration du mythe d'Œdipe par Sophocle.

44. *Cf. Éthique*, en particulier les parties IV et V.

45. Voir Mo Tzu, partie I, chapitre 35 (Ve siècle avant J.-C.).

46. Churchland (2002a), p. 204.

47. Changeux (2004), p. 39.

48. *Cf.* par exemple Kornhuber (1984) ou Libet, Freeman et Sutherland (1999).

49. Changeux (2004), p. 26-28.

50. *Ibid.*, p. 26.

51. *Cf.* par exemple les discussions sur le compatibilisme dans Kane (2002).

52. *Cf.* par exemple Churchland (2002a), p. 206.

53. Leibniz a établi une distinction entre vérités nécessaires et vérités contingentes en ces termes.

54. Pylyshyn (2001).

55. Changeux, Courrège, Danchin (1973), Changeux (1983), p. 247.

56. Changeux (2004), p. 200.

57. Changeux suggère que cela constitue un argument contre la position de Fodor (1979, p. 17), selon laquelle « les tentatives faites pour apparier les structures neurologiques avec des fonctions psychologiques ne pourraient rencontrer qu'un succès limité ».

58. Changeux (1983), p. 247.

59. Edelman, LeDoux et un grand nombre d'autres neuroscientifiques contemporains expriment leur grande admiration pour le travail de pionnier que Freud a effectué dans ce domaine. Edelman (2002) a dédié son travail à Darwin et à Freud.

60. J'utiliserai ici le terme « non conscient » plutôt que le terme « inconscient », car ce dernier est étroitement lié aux théories psychanalytiques de Freud, à l'égard desquelles je souhaite rester neutre en première analyse.

61. Dehaene *et al.* (2006).

62. Dehaene et Changeux (2005).

63. LeDoux (1998), p. 17.

64. Edelman et Tononi (2000), p. 177.

65. Freud tire la conclusion philosophique selon laquelle la conscience n'a pas besoin d'être plus véridique que l'inconscient. Edelman souligne une telle

conclusion dans son modèle de la conscience, lorsqu'il affirme par exemple : « Étant donné l'existence d'actes conduits par l'inconscient, les conclusions auxquelles parvient l'introspection consciente peuvent être sujettes à de graves erreurs. En d'autres termes, l'incorrigibilité cartésienne n'est pas compatible avec les faits » (Edelman 1992), p. 145-146.

66. Voir par exemple Hospers (1958), Libet (1999), Gazzaniga (2005).

67. La distinction entre comportement volitionnel et comportement volontaire est établie, par exemple, par Libet (1999).

68. Voir par exemple Libet (1999), p. 52-53.

69. Le caractère volontaire est une condition nécessaire de la responsabilité, mais il n'implique cette dernière que pour autant que l'agent fait preuve d'un certain degré de maturité et de bonne santé.

70. Kornhuber et Deecke (1965).

71. Kornhuber (1984). Cette conception s'accorde bien avec les exposés que proposent notamment Changeux et Edelman et selon lesquels le cerveau est motivé, actif et intentionnel.

72. Libet *et al.* (1983).

73. Libet (1999), p. 47.

74. Un éventail de ces critiques est présenté par Dennett (1991), p. 162-166 ; certaines d'entre elles sont également discutées dans Libet, Freeman et Sutherland (1999).

75. *Cf.* par exemple Gomes (1998).

76. *Cf.* par exemple Gomes (1999), Libet, Freeman et Sutherland (1999).

77. Libet (1985), p. 563.

78. Dennett (1991), p. 164.

79. Contrairement à Libet (1999), p. 52-54 par exemple.

80. *Cf.* Dehaene *et al.* (2006). LeDoux (1998) donne un compte rendu très informatif des mécanismes non conscients du cerveau qui sous-tendent les expériences émotionnelles.

81. Il ne s'ensuit pas de cela que nous devions être tenus pour responsables des contenus de nos pensées indépendamment de nos actions. C'est là un tout autre problème que celui que nous discutons ici. Il est évoqué notamment dans la Bible (Matthieu 5, 27-28), où la seule présence du désir est considérée comme un péché.

82. Velmans (1991) affirme que même l'initiation inconsciente du choix d'empêcher ou de déclencher une action peut être considérée comme un processus du libre arbitre, une conception que récuse Libet (1999), p. 52.

83. Selon Guy Claxton (1999), les vertus du contrôle conscient sont grandement surestimées.

84. Ce compte rendu du libre arbitre présente certaines affinités avec les comptes rendus naturalistes compatibilistes, par exemple ceux de Clark (1998a et b, 1999) et de Gomes (1999).

85. Cette idée est niée avec vigueur par Gazzaniga (2005 : III), mais sans être documentée.

86. *Cf.* par exemple Colin Blakemore (1988), ou, plus récemment, Gazzaniga (2005), p. 102. Selon Gazzaniga, la liberté et la responsabilité ne sont pas des propriétés des cerveaux mais des personnes. Il se pourrait par conséquent que ceux qui pensaient que John Eccles était le dernier dualiste doivent réviser leur jugement : Gazzaniga donne une présentation explicitement dualiste des personnes par opposition aux cerveaux, présentation qui contredit clairement le matérialisme éclairé que j'ai développé dans ces deux chapitres. *Cf.* d'autres présentations dualistes telles que celles de Libet (1999) ou de Schwartz (1999), qui partagent une aversion idéologique envers l'idée selon laquelle la volonté pourrait être incorporée, et tentent de défendre à tout prix l'intuition d'un libre arbitre indépendant du corps et du cerveau, des structures neurales et des lois physiques.

87. Le phénomène de la dissociation sera discuté au chapitre 3.

88. *Cf.* par exemple Ingvar (1999), Schulz (1999), Spence et Frith (1999).

89. Clark (1999), p. 288. *Cf.* Edelman et Tononi (2000), p. 220. Walter (1999) tente, dans une perspective neurophilosophique, de concilier les neurosciences avec une version naturaliste, philosophiquement « modeste », du libre arbitre.

3
La base neurale de la moralité

1. *Cf.* 1.4.1.

2. *Cf.* chapitre 1.

3. *Cf.* chapitre 2.

4. L'épigenèse neuronale sera décrite au paragraphe 3.3.2 ci-après.

5. Précisons une fois encore que par « valeur », on entend ici une chose qui est prise en considération lors de la prise de décision, qui influence un choix, une sélection ou une décision, et qui peut se produire à plusieurs niveaux : au niveau non conscient comme au niveau conscient, en tant que fonction biologique de base ou en tant que trait caractéristique du raisonnement moral avancé. Par « émotion », on vise le concept plurivoque développé par LeDoux (1998) et inspiré par Damasio (1994), où une grande part de ce que fait le cerveau lors d'une émotion se produit de manière non consciente, c'est-à-dire en dehors de l'attention consciente. *Cf.* 1.3.2.

6. Dehaene et Changeux (1989 et 1991).

7. Edelman (1992).

8. Dehaene et Changeux (1991), Dehaene, Kerszberg et Changeux (1998).

9. Changeux (2004).

10. *Cf.* Barto et Sutton (1982), Schultz, Dayan et Montague (1997), Dehaene et Changeux (2000), Schultz (2006).

11. Hugo Lagercrantz (2001, 2005).

12. Terje Falck-Ytter, Gustaf Gredebäck et Claes von Hofsten (2006).

13. Il m'a été suggéré par Mats Hansson que la distinction de soi pourrait sans doute suffire pour être un soi. Cela rendrait ce concept encore bien moins restrictif que la définition que j'avance ici. Cependant, il est selon moi trompeur de décrire une créature qui n'a pas conscience de soi comme un soi, et c'est la raison pour laquelle j'ajoute la troisième condition.

14. Cette proposition est circulaire puisqu'une certaine compréhension basique du terme « soi » est présupposée pour saisir ce que cela signifie que de « s'identifier soi-même » comme quelque chose, mais c'est là un cercle vertueux. Sa circularité n'importe pas lorsqu'il s'agit de trouver un ensemble de conditions minimales pour se voir attribuer le fait d'être un soi, ce qui rend ce concept maximalement inclusif. Je ne prétends pas donner un compte rendu exhaustif de la signification de « soi » (ni ici ni ailleurs). De nombreux auteurs postulent une quatrième condition pour être un soi : l'unité numérique, la continuité ou l'intégration du psychisme ou de la personnalité. Par exemple Segal (1991) considère le moi comme « une structure hautement intégrée de la personnalité, qui n'existe typiquement qu'en étant partiellement formée au sein d'une per-sonne » (*cf.* p. viii-ix). Pour Radden (1996) « un soi = un répertoire incorporé d'états psychologiques intégrés » (p. 11), alors que Spiegel (1993) requiert que le moi soit une entité numériquement unifiée. Par opposition à cela, je propose une notion *minimale* de soi, qui ne fait référence de manière essentielle à rien en sus de la conscience de soi – par exemple à un certain type de personnalité, ou à des états psychologiques donnés – et j'admets de ce fait dans le domaine des soi *tous* les organismes qui sont conscients d'eux-mêmes, quelle que soit leur personnalité ou leur biographie. Mes arguments en faveur de cette position combinent des considérations conceptuelles avec des considérations éthiques et existentielles. *Cf.* Evers (2001).

15. Edelman (1992), *cf.* Denton (2005).

16. Perdre ce statut peut poser un problème tout à fait sérieux. Selon les définitions fortes du soi mentionnées dans la note précédente, cela peut arriver à une personne qui souffre de troubles psychiatriques tels que le syndrome de Korsakoff, la schizophrénie ou la maladie d'Alzheimer. C'est l'une des raisons pour lesquelles je suggère une définition faible, inclusive, selon laquelle il est extrêmement peu probable de diagnostiquer une absence de soi, et selon laquelle, également, ce n'est certainement pas une conséquence habituelle de la maladie mentale, dont le diagnostic peut avoir de graves conséquences morales. *Cf.* Evers (2001), Evers *et al.* (2007a).

17. Damasio (1994).

18. William Hamilton (1964).

19. Richard Dawkins (1976).

20. *Cf.* Michel Morange (1998), chapitre 16.

21. Cela ne revient pas à dire que l'altruisme est toujours réductible à l'inté-rêt pour soi.

22. Jean-Pierre Changeux notamment.

23. Putnam (1989), p. 9. Le terme « dissociation » a une signification connexe mais différente en neuropsychologie, où le terme dénote un état dans lequel « une ou plusieurs performances avec un profil d'opérations général sont en désaccord avec le reste » (Damasio, 1994), p. 12.

24. Cependant, poussée à l'extrême, cette fonction devient pathologique, par exemple lorsqu'une personne développe un trouble identitaire dissociatif, *cf.* DSM-IV.

25. Thomas Hobbes (1651), I : 13.

26. Je dois cette référence à Marc Kirsch (1991), p. 11.

27. Eibl-Eibesfeldt et Sutterlin (1990), p. 389.

28. Koestler (1964, 1967).

29. Paul Ricœur a examiné cette distinction dans son œuvre *Soi-même comme un autre* (1992).

30. *Cf.* par exemple Michel *et al.* (2006), Hills et Lewis (2006).

31. *Cf.* par exemple Hart *et al.* (2000), Phelps *et al.* (2000).

32. Changeux (2006) donne une interprétation et une analyse intéressantes en termes neuraux de la notion d'*habitus* développée par Pierre Bourdieu.

33. Des illustrations de ce fait abondent dans la littérature sur la physiologie et la culture animales, *cf.* par exemple L. A. Dugatkin (1997).

34. Piotr Kropotkine (1897).

35. Koestler (1967), p. 308.

36. Le cas de Phineas Gage a été décrit par David Ferrier (1878).

37. A. Damasio (1994), p. 10-12.

38. H. Damasio *et al.*(1994).

39. On a pu suggérer que, de façon étonnante, la neuropsychologie n'avait pendant longtemps pas prêté attention à l'importance des émotions pour la cognition et la prise de décision. Selon A. Damasio, les tests neuropsychologiques classiques ne révèlent pas le type de dommage émotionnel dont souffrent des gens comme Gage et qui les rend incapables de faire des choix rationnels. En 1994, Damasio a avancé comme étant non triviale la thèse selon laquelle « il est possible que la réduction des émotions soit une origine importante du comportement irrationnel » (1994, p. 53). Les philosophes trouveront cela tout à fait remarquable, étant donné qu'Emmanuel Kant professait dès le XVIIIe siècle, dans ses conférences sur la psychologie empirique, que les préférences émotionnelles sont des prérequisits pour la prise de décision, et que David Hume avançait une thèse similaire dans son *Traité sur la nature humaine*, dont la publication remonte à 1739 et qu'étudient tous les étudiants en première année de philosophie. Cela témoigne de ce que nous perdons en raison du manque de communication entre les disciplines : si les neuropsychologues avaient été informés des écrits de Kant et de Hume, au moins n'auraient-ils pas ignoré aussi longtemps l'importance cognitive des émotions.

40. *Cf.* par exemple les travaux récents de Decety et Jackson (2004), Singer *et al.* (2004), Iacoboni *et al.* (2005), Jackson *et al.* (2006), Lawrence *et al.* (2006), Singer *et al.* (2006), Parr *et al.* (2005).

41. *Cf.* le classement DSM-IV des troubles mentaux.

42. *Cf.* par exemple Blair *et al.* (2006).

43. Frick *et al.* (1994), Hare (1980, 1991).

44. *Cf. Œdipe à Colonne.* Le poète anglais Coleridge (1772-1834) a été, à ma connaissance, le premier à utiliser le terme « pessimisme » ; ce terme est par conséquent relativement récent comparé au phénomène ou à l'attitude qu'il désigne.

45. Koestler (1967), p. xi. C'est l'un des thèmes principaux du livre.

46. Lorenz (1963).

47. Changeux (2004), p. 153-157, 184.

48. *Cf.* par exemple Changeux (1983, 2004), Edelman (1992), Edelman et Tononi (2000).

49. Cela rappelle la recommandation d'Ignace de Loyola, selon laquelle il faut exercer un contrôle sur l'apprenti pendant les sept premières années de sa vie.

50. Edelman (1992), p. 23.

51. Changeux (2004), p. 185.

52. Changeux (2004), p. 184.

53. *Cf.* Stephen J. Gould (1981/1996).

54. *Cf.* Hasnain *et al.* (1998), Steinmetz *et al.* (1995), Tramo *et al.* (1998), Kee *et al.* (1998).

55. *Cf.* par exemple Sommer *et al.* (2002), Eckert *et al.* (2002), White *et al.* (2002), Thompson *et al.* (2001).

56. Changeux (2004), p. 200.

57. *Cf.* Lagercrantz (2005), p. 145-148.

58. Lagercrantz (2005), p. 59.

59. Changeux (2004), p. 194.

60. T. Wiesel et D. Hubel (1963).

61. L. C. Katz et C. J. Shatz (1996).

62. Lagercrantz (2005).

63. Pierre Bourdieu (1997). Il est regrettable que Bourdieu soit mort avant que Changeux et lui-même aient eu l'occasion de développer ensemble cet intérêt scientifique partagé.

64. Changeux (2004) recommande un tel usage socialement constructif des neurosciences. En Suède, cela a été suggéré avec précaution par Lagercrantz (2005) et, de manière plus polémique, par le neuroscientifique Martin Ingvar, dans divers articles de journaux.

65. Cela ne doit pas être compris comme une nouvelle introduction du lamarckisme : les empreintes culturelles sont transmises au cours de l'évolution darwinienne.

66. Marylène Patou-Mathis (2006).

67. Changeux (1996, 2004). C'est une attitude qu'il a également exprimée dans une conférence sur la neuroéthique prononcée à l'Université d'Uppsala en 2005.

68. G. E. Moore (1903/1962), p. 36.

69. Moore (1903/1962), p. 10.

70. Moore (1903/1962), p. 39.

71. R. M. Hare (1952, 1981).

72. Hume (1739), livre III, partie I, section I.

73. Axel Hägerström (1911).

74. T. G. Buller (2006), p. 63.

4
La responsabilité naturaliste

1. Voir le premier chapitre de la Genèse.

2. *Cf.* 1.2.2.

3. Cela n'implique pas que la nature ait été conçue comme entièrement statique. À chaque niveau de la hiérarchie, il pouvait y avoir de l'activité, notamment sous la forme de l'actualisation de potentiels, mais la structure de la hiérarchie elle-même ne changeait pas de ce fait. L'évêque anglican Edmund Law (1703-1787) fait partie des penseurs qui sont bien connus pour avoir repris l'idée aristotélicienne de la « *scala naturae* ».

4. *Cf.* 1.2.1.

5. *Cf.* par exemple Scoones (1999), Wallington, Hobbs et Moore (2005). *Cf.* également l'analyse historique du concept de nature par le philosophe anglais Collingwood (1945).

6. *Cf.* par exemple Whiten *et al.* (1999), Segerdahl, Fields et Savage-Rumbaugh (2005, 2007).

7. Kinji Imanishi (1941). La première traduction anglaise de cet ouvrage date de 2002.

8. *Cf.* par exemple Markus et Wurf (1987), Evers (1999a, 2001).

9. *Cf.* 1.3.2.

10. *Cf.* par exemple les théories narratives développées par Ricœur (1983-1985, 1990), ou les comptes rendus narratifs de Schechtman (1996), Charon (2001, 2006) ou encore Atkins (2004).

11. *Cf.* les discussions des paragraphes 1.3.1 et 2.2.2.

12. *Cf.* par exemple Glass, Holyoak et Santa (1979).

13. *Cf.* la discussion sur les illusions au paragraphe 2.2.2.

14. *Cf.* Searle (1997) et la discussion au paragraphe 1.3.1.

15. C'est l'une des grandes questions philosophiques discutées notamment en théorie de la connaissance et en philosophie des sciences. *Cf.* par exemple la tradition sceptique en théorie de la connaissance, le débat réalisme/antiréalisme en sciences, les discussions sur l'observabilité comme critère de la réalité ou sur le statut ontologique des entités théoriques.

16. En français dans le texte (*NdT*).

17. *Cf.* 3.2.1.

18. Épictète, *Manuel*, V.

19. *Cf.* 2.4.1.

20. *Cf.* 1.4.1.

21. LeDoux (1998), p. 19.

22. LeDoux (1998), p. 303.

23. Il faut cependant remarquer, dans le prolongement de nos discussions précédentes, que la distinction entre l'émotion et la cognition n'est pas tranchée : ces termes ne dénotent pas des domaines strictement distincts, et leurs relations font l'objet de recherches qui évoluent rapidement et pourraient rendre cette distinction obsolète. *Cf.* par exemple Lewis et Haviland-Jones (2000).

24. *Cf.* 1.3.2.

25. *Cf.* la définition des valeurs biologiques donnée au paragraphe 1.3.2.

26. *Cf.* Evers (2007c).

27. *Des sociétés de cerveaux* est le titre d'un livre de Walter Freeman (1995) ; c'est une étude de l'amour et de la haine du point de vue des neurosciences.

28. Comme l'illustre le sort d'un grand nombre de régimes totalitaires.

29. Machiavel (1532).

30. Tuchman en donne un excellent compte rendu dans *The March of Folly : From Troy to Vietnam* [*La Marche folle de l'histoire. De Troie au Vietnam*] (1984). Par « folie », elle entend, dans ce contexte, le fait de mener des politiques contraires à son propre intérêt.

31. On a demandé dans une interview au neuroscientifique suédois Dan Larhammar, qui s'oppose activement en tant que scientifique aux superstitions religieuses et autres, si cela ne lui faisait rien d'enlever aux gens leurs illusions ; à quoi il a répondu : est-il préférable qu'ils continuent à s'entretuer pour des fantômes produits par le cerveau ? (*Cf.* son site Internet personnel pour des références précises.)

32. Ce thème a été discuté de manière assez détaillée au chapitre précédent.

33. *Cf.* par exemple Koestler (1978), Wolpert (2006), Buss (1994).

34. *Cf.* par exemple Dawkins (2006).

35. Koestler (1978).

36. R. M. Rilke, *Duineser Elegien* (1912/1922).

37. Douglas Adams, cité par Richard Dawkins (2006, dans l'épigraphe).

38. Dawkins (2006), chapitre 1.

39. *Cf.* 1.2.

40. Evers (2007c).

41. « Maintenant » dénote ici une perspective temporelle personnelle assez large dans la mesure où, comme c'est bien connu, les êtres humains ont du mal à vivre « maintenant » si ce terme est compris au sens du présent réel actuellement vécu.

42. *Cf.* 3.3.1.

43. Pour illustrer ce point, on peut mentionner la Conférence mondiale sur la science qui s'est tenue en 1999 à Budapest pour préparer le nouveau millénaire. Elle a été organisée conjointement par le Conseil international pour la science (ICSU) et l'Organisation des nations unies pour l'éducation, la science et la culture (Unesco). En cette occasion, le développement d'« un nouveau contrat entre la science et la société » était à l'ordre du jour. Un texte substantiel sur la responsabilité globale de la science a été adopté à la fin de la rencontre :

la *Déclaration sur la science et l'utilisation de la connaissance scientifique*. Cette déclaration s'ouvre ainsi (§ 1) : « Les sciences devraient être au service de l'humanité tout entière, et elles devraient contribuer à donner à chacun une compréhension plus profonde de la nature et de la société, une meilleure qualité de vie et un environnement viable et sain pour les générations actuelles et futures. » De manière plus spécifique, et sans doute aussi plus controversée, la déclaration appelle à orienter le financement de la science de manière à assurer, par exemple, sur un front global, une réduction des ressources allouées au développement d'armes nouvelles (§ 3), la conversion (partielle) de la production et des équipements de recherche militaires à l'usage civil (§ 3), le développement humain viable, ce qui inclut l'abolition de la pauvreté (§ 11), l'amélioration de la santé humaine et de la prise en charge sociale (§ 12), le respect des droits de l'homme (§ 39). On peut trouver cette déclaration, ainsi qu'un grand nombre d'autres déclarations, sur le site Internet consacré aux règles éthiques, aux régulations et aux directives sur la recherche : www.codex.vr.se.

44. *Cf.* John Gray (1995).

45. *Cf.* par exemple le travail d'Emmanuel Kant et le nombre considérable de productions philosophiques qu'il a inspiré chez d'autres.

46. *Cf.* www.codex.vr.se.

47. *Cf.* 3.2.2.

48. *Cf.* par exemple Evers (1996).

49. Gray (1995), p. 64-65.

50. L'universalisation des normes éthiques a été discutée de manière extensive en termes neuroéthiques par Changeux et Ricœur (1998).

51. Edelman (1992), p. xiii.

52. Farah *et al.* (2004).

53. *Cf.* par exemple Pedotti *et al.* (1996), Wessberg *et al.* (2000), Nicolelis (2003), Santucci *et al.* (2005), Lebedev *et al.* (2005).

54. *Cf.* par exemple Kübler *et al.* (2001), Wolpaw *et al.* (2002), Hatsopoulos *et al.* (2002), Leuthardt *et al.* (2004).

55. Voir le projet de propositions de directives de l'OMS (Organisation mondiale de la santé) sur l'usage rationnel des drogues, mis en ligne le 2 juillet 2007 : *Guidelines for the WHO Review of Psychoactive Substances*.

56. « Attention-deficit Hyperactivity Disorder » [trouble déficitaire de l'attention avec hyperactivité] (*NdT*).

57. Moreno (2006), p. 7.

58. *Cf.* les discussions des paragraphes 1.2.1 et 4.3.2.

59. Illes et Racine (2005), p. 2. De telles idées ont également été répandues dans la presse quotidienne populaire, *cf.* par exemple les articles de Ian Sample dans le *Guardian* daté du 31 mars 2005 ou du 9 février 2007.

60. *Cf.* la discussion dans Moreno (2006).

61. *Cf.* par exemple Haynes, Sakai, Rees, Gilbert, Frith, et Passingham (2006).

62. *Cf.* Evers (2005).

63. On peut penser, par exemple, au code de conduite pour les personnes en position de responsabilité, Afrique du Sud : *cf.* la charte qui a été proposée pour un Comité sud-africain national de consultation éthique sur la science et la technologie (SANEACST).

64. Voir par exemple les « Opinions sur le code de conduite du personnel scientifique et technologique », Chine.

65. Voir par exemple le code de l'éthique professionnelle en sciences, Cuba.

66. Voir par exemple le mouvement Pugwash ou le manifeste de Russell-Einstein.

67. Voir par exemple la politique scientifique de l'Académie des sciences de la République tchèque (1999).

68. À la conception selon laquelle la science a été traditionnellement développée dans une « tour d'ivoire » et sans que l'on se soucie des affaires humaines, on peut opposer l'argument selon lequel la science a toujours été d'une importance telle pour le développement national qu'il ne lui aurait *pas* été permis d'être inutile d'un point de vue social et qu'elle était donc orientée vers l'obtention de résultats positifs. Galilée a par exemple vanté aux mécènes les avantages sécuritaires des télescopes.

69. La production de biens matériels est de plus en plus « délocalisée » (ce terme technique signifie approximativement « déplacée ») vers des pays à bas salaires. Les pays où les salaires sont élevés conservent la production de connaissances ainsi que les sièges des entreprises, si elles en ont (Nike par exemple abandonne toute la production matérielle à des sous-traitants). *Cf.* par exemple W. Ruigkrok et R. Van Tulder (1995) et M. H. Best (1990).

70. *Cf.* Yergin (1977).

71. Moreno (2006), p. 20.

72. *Cf.* Moreno (2006).

73. *Cf.* Evers (2007b).

74. En français dans le texte (*NdT*).

Bibliographie

Allen, E. *et al.* (1975), « Letter to the editors », *The New York Review of Books*, daté du 13 novembre 1975, cité *in* Gibbard (1993), p. 598.

Anderson, J. R., Schooler, L. J. (1991), « Reflections on the environment in memory », *Psychological Science*, 2, p. 396-408.

Aristote, *Du mouvement des animaux*.

Atkins, K. (2004), « Narrative identity, practical identity and ethical subjectivity », *Continental Philosophy Review*, vol. 37, n° 3, p. 341.

Baars, B. (1997), *In the Theater of Consciousness. The Workspace of the Mind*, Oxford University Press, Oxford.

Bachelard, G. (1953), *Le Matérialisme rationnel*, PUF, Paris.

Bacon, F. (1624) (posthume), *La Nouvelle Atlantide*, trad. française par Michèle Le Dœuff et Margaret Llasera, Flammarion-GF, Paris.

Barto, A. G., Sutton R. S. (1982), « Simulation of anticipatory responses in classical conditioning by a neuron-like adaptive element », *Behavioral Brain Research*, vol. 4, n° 3, p. 221-235.

Best, M. (1990), *The New Competition : Institutions of Industrial Restructuring*, Harvard University Press, Cambridge, Mass.

Bickle, J. (2003), *Philosophy and Neuroscience. A Ruthlessly Reductive Account*, Kluwer Academic Publishers, Dordrecht.

Bickle, J. (2006), « Reducing mind to molecular pathways : explicating the reductionism implicit in current cellular and molecular neuroscience », *Synthese*, 151, p. 411-443.

Blair, R. J. R., Peschardt, K. S., Budhani, S., Mitchell, D. G. V., Pine, D., S. (2006), « The development of psychopathy », *Journal of Child Psychology and Psychiatry*, vol. 47, n° 3-4, p. 262-275.

Blakemore, C. (1988), *The Mind Machine*, BBC Publications, Londres.

Blauvelt, W. (1999), « Y's Domain », *in* Libet, B., Freeman, A., Sutherland, K. (éds.) (1999), p. 269-274.

Bloch, O. (2005), « Le matérialisme éclairé de Diderot dans la *Lettre sur les aveugles* », *in* Changeux, J.-P. (éd.), *La Lumière : au siècle des Lumières et aujourd'hui*, Odile Jacob, Paris.

Bloch, O., McKenna, A. (1998), *Censure et clandestinité aux XVIIᵉ et XVIIIᵉ siècles*, Presses Université Paris-Sorbonne, Paris.

Bourdieu, P. (1997), *Méditations pascaliennes*, Éditions du Seuil, Paris.

Brain, P. F., Parmigiani, S., Blanchard, R., Mainardi, D. (éds.) (1990), *Fear and Defence*, Harwood, Londres.

Bricklin, J. (1999), « A variety of religious experience : William James and the non-reality of free will », *in* Libet, B., Freeman, A., Sutherland, K. (éds.) (1999), p. 77-98.

Broca, P. (1861), « Sur le volume et la forme du cerveau suivant les individus et suivant les races », *Bulletin de la Société d'anthropologie,* Paris, vol. 2, p. 139-207, 301-321, 441-446.

Broca, P. (1873), « Sur les crânes de la caverne de l'Homme-Mort (Lozère) », *Revue d'anthropologie*, 2, p. 1-53.

Broca, P. (1878), « Anatomie comparée des circonvolutions cérébrales. Le grand lobe limbique et la scissure limbique dans la série des mammifères », *Revue d'anthropologie*, 1, p. 385-498.

Buller, T. G. (2005), « Can we scan for truth in a society of liars ? », *American Journal of Bioethics*, 5, p. 58-60.

Buller, T. G. (2006), « What can neuroscience contribute to ethics ? », *Journal of Medical Ethics*, 32, p. 63-4.

Burt, C. (1962), « The concept of consciousness », *British Journal of Psychology*, vol. 53, n° 3, p. 229-242.

Buss, D. (1994), *The Evolution of Desire. Strategies of Human Mating*, Basic Books, New York.

Cahill, L., McGaugh, J. L. (1998), « Mechanisms of emotional arousal and lasting declarative memory », *Trends in Neuroscience*, 21, p. 294-9.

Cain, C. K., Blouin, A. M., Barad, M. (2004), « Adrenergic transmission facilitates extinction of conditional fear in mice », *Learning et Memory*, 11, p. 179-187.

Campbell, J. K., O'Rourke, M., Shier, D. (éds.) (2004), *Freedom and Determinism*, MIT Press, Cambridge, Mass.

Chan, W.-T. (1963), *A Source Book in Chinese Philosophy*, Princeton University Press, Princeton.

Changeux, J.-P. (1983), *L'Homme neuronal*, Fayard, Paris. Trad. angl. par Laurence Garey : *Neuronal Man. The Biology of Mind*, Princeton University Press, Princeton, 1997.

Changeux, J.-P. (éd.) (1991), *Fondements naturels de l'éthique*, Odile Jacob, Paris.

Changeux, J.-P. (1996), « A neuroscientist looks at the foundations of ethics, Part I : neural basis of ethical behaviour », *Human Health Care International*, vol. 12, n° 3, p. 113-117.

Changeux, J.-P. (1996), « A neuroscientist looks at the foundations of ethics, Part II : From ethical intention to moral values and laws », *Human Health Care International*, vol. 12, n° 4, p. 163-167.

Changeux, J.-P. (2004), *The Physiology of Truth. Neuroscience and Human Knowledge*, Belknap, Harvard University Press, Cambridge, Mass.

Changeux, J.-P. (2006), « Les bases neurales de l'*habitus* », *in* Gérard Fussman (éd.), *Croyance, raison et déraison*, Odile Jacob, Paris.

Changeux, J.-P., Courrège, P., Danchin, A. (1973), « A theory of the epigenesis of neural networks by selective stabilization of synapses », *Proc. Nat. Acad, Sci.* (USA), 70, p. 2974-2978.

Changeux, J.-P., Danchin, A. (1976), « Selective stabilisation of developing synapses as a mechanism for the specification of neuronal networks », *Nature*, 264, p. 705-12.

Changeux, J.-P., Ricœur, P. (1998), *La Nature et la Règle. Ce qui nous fait penser*, Odile Jacob, Paris. Trad. angl. : *What Makes Us Think ?*, Princeton University Press, Princeton, 2000.

Changeux, J.-P., Damasio, A. R., Singer, W., Christen, Y. (2005), *Neurobiology of Human Values*, Springer-Verlag, Berlin/Heidelberg.

Charon, R. (2001), « Narrative medicine : Form, function and ethics », *Annals of Internal Medicine*, vol. 134, n° 1, p. 83-87.

Charon, R. (2006), *Narrative Medicine. Honoring the Stories of Illness*, Oxford University Press, Oxford.

Chomsky, N. (1995), « Language and nature », *Mind*, 104, p. 1-61.

Churchland, P. S. (1986), *Neurophilosophy : Toward a Unified Science of the Mind-Brain*, MIT Press, Cambridge, Mass.

Churchland, P. S. (2002a), *Brain-Wise : Studies in Neurophilosophy*, MIT Press, Cambridge, Mass.

Churchland, P. S. (2002b), « Neuroconscience : Reflections on the neural basis of morality », *in* Marcus (2002), p. 20-26.

Churchland, P. S., Roy, D. J., Wynne, B. E., Old, R. W. (éds.) (1991), *Our Brains, Our Selves : Reflections on Neuroethical Questions, Bioscience-Society*, John-Wiley and Sons, New York.

Clark, T. W. (1998a), « Materialism and morality : the problem with Pinker », *The Humanist*, vol. 58, n° 6, p. 20-25.

Clark, T. W. (1998b), « To help addicts, look beyond the fiction of free will », *The Scientist*, vol. 12, n° 16, p. 9.

Clark, T. W. (1999), « Fear of mechanism : A compatibilist critique of "The Volitional Brain" », *in* Libet, B., Freeman, A., Sutherland, K. (éds.) (1999), p. 279-93.

Claxton, G. (1999), « Whodunnit ? Unpicking the "seems" of free will », *in* Libet, B., Freeman, A., Sutherland, K. (éds.) (1999), p. 99-114.

Collingwood, R. G. (1945), *The Idea of Nature*, Oxford University Press, Oxford.

Cranford, R. E. (1989), « The neurologist as ethics consultant and as a member of the institutional ethics committee : the neuroethicist », *Neurol. Clin.*, 7, p. 697-713.

Crick, F. (1994), *The Astonishing Hypothesis. The Scientific Search for the Soul*, Simon et Schuster, Londres. Trad. fr. : *L'Hypothèse stupéfiante*, Plon, Paris, 1994.

Damasio, A. R. (1994), *Descartes' Error : Emotion, Reason, and the Human Brain*, G. P. Putnam, New York. Trad. fr. : *L'Erreur de Descartes*, Odile Jacob, Paris, 1997.

Damasio, A. R. (2000), *The Feeling of What Happens : Body, Emotions and the Making of Consciousness*, Vintage, Londres. Trad. fr : *Le Sentiment même de soi. Corps, émotion, conscience*, Odile Jacob, Paris, 1999.

Damasio, A. R. (2002), « The neural basis of social behaviour : Ethical implications », *in* Marcus (2002), p. 14-19.

Damasio, H., Grabowski, T., Frank, R., Galaburda, A. M., Damasio, A. R. (1994), « The return of Phineas Gage : Clues about the brain from the skull of a famous patient », *Science*, 264, p. 1102-1105.

Darwin, C. R. (1859), *L'Origine des espèces*.

Dawkins, R. (1976), *The Selfish Gene*, Oxford University Press, Oxford. Trad. fr. : *Le Gène égoïste*, Odile Jacob, Paris, 1996.

Dawkins, R. (2006), *The God Delusion*, Bantam, Londres. Trad. fr. : *Pour en finir avec Dieu*, Robert Laffont, Paris, 2008.

Debiec, J., LeDoux, J. E. (2004), « Disruption of reconsolidation but not consolidation of auditory fear conditioning by noradrenergic blockade in the amygdala », *Neuroscience*, vol. 129, n° 2, p. 267-272.

Decety, J., Jackson, P. L. (2004), « The functional architecture of human empathy », *Behavioral and Cognitive Neuroscience Reviews*, vol. 3, n° 2, p. 71-100.

Dehaene, S., Changeux, J.-P. (1989), « A simple model of prefrontal cortex function in delayed-response tasks », *Journal for Cognitive Neuroscience*, 1, p. 244-261.

Dehaene, S., Changeux, J.-P. (1991), « The Wisconsin card sorting test : Theoretical analysis and modeling in a neuronal network », *Cereb Cortex*, 1, p. 62-79.

Dehaene, S., Changeux, J.-P. (2000), « Reward-dependent learning in neuronal networks for planning and decision making », *Prog. Brain Res.*, 126, p. 217-229.

Dehaene, S., Changeux, J.-P. (2005), « Ongoing spontaneous activity controls access to consciousness : a neuronal model for inattentional blindness », *PLoS Biol.*, vol. 3, n° 5, p. 141.

Dehaene, S., Changeux, J.-P., Naccache, L., Sackur, J., Sergent, C. (2006), « Conscious, preconscious, and subliminal processing : a testable taxonomy », *Trends in Cognitive Neuroscience*, 5.

Dehaene, S., Cohen, L., Sigman, M., Vinckier, F. (2005), « The neural code for written words : a proposal », *Trends in Cognitive Neuroscience*, vol. 9, n° 7, p. 335-41.

Dehaene, S., Kerszberg, M., Changeux, J.-P. (1998), « A neuronal model of a global workspace in effortful cognitive tasks », *Proc. Natl. Acad. Sci. USA*, 95, p. 14529-14534.

Dehaene, S., Sergent C., Changeux, J.-P. (2003), « A neuronal network model linking subjective reports and objective physiological data during conscious perception », *Proc. Natl. Acad. Sci. USA*, 100, p. 8520-8525.

Dennett, D. (1984), *Elbow Room*, MIT Press, Cambridge, Mass.

Dennett, D. (1991), *Consciousness Explained*, Back Bay Books. Trad. fr. : *La Conscience expliquée*, Odile Jacob, Paris, 1993.

Denton, D. (2005), *Les Émotions primordiales et l'éveil de la conscience*, Flammarion, Paris.

Descartes, R. (1637), *Discours de la méthode pour bien conduire sa raison, et chercher la vérité dans les sciences*.

Desrosières, A. (1993), *La Politique des grands nombres. Histoire de la raison statistique*, La Découverte, Paris.

D'haenen, H. A. H, Den Boer, J. A., Willner, P. (éds.) (2002), *Biological Psychiatry*, Wiley, West Sussex.

Diderot, D. (1769), *Le Rêve de d'Alembert* (publié en 1782).

Diderot, D. (1875-1877), *Éléments de physiologie, in* Diderot, *Œuvres complètes*, II-322, Jules Assérat et Maurice Tourneux (éds.), 20 vol., Paris.

Dugatkin, L. A. (1997), *Cooperation among Animals*, Oxford University Press, Oxford.

Dupoux, E. (éd.) (2001), *Language, Brain and Cognitive Development*, MIT Press, Cambridge, Mass.

Eckert, M., Leonard, C., Molloy, E., Blumenthal, J., Zijdenbos, A., Giedd, J. (2002), « The epigenesis of planum temporale asymmetry in twins », *Cereb. Cortex*, 12, p. 749-755.

Edelman, G. M. (1987), *Neural Darwinism : The Theory of Neuronal Group Selection*, Basic Books, New York.

Edelman, G. M. (1989), *The Remembered Present. A Biological Theory of Consciousness*, Basic Books, New York.

Edelman, G. M. (1992), *Bright Air, Brilliant Fire. On the Matter of the Mind*, Basic Books, New York.

Edelman, G. M. (2004), *Wider than the Sky, the Phenomenal Gift of Consciousness*, Yale University Press. Trad. fr. : *Plus vaste que le ciel. Une nouvelle théorie générale du cerveau*, Odile Jacob, Paris, 2004.

Edelman, G. M., Tononi, G. (2000), *Consciousness. How Matter Becomes Imagination*, Penguin Books. Trad. fr. : *Comment la matière devient conscience*, Odile Jacob, Paris, 2000.

Eibl-Eibesfeldt, I., Sutterlin, C. (1990), « Fear, defence and aggression in animals and man : Some ethological perspectives », *in* Brain *et al.* (1990), p. 381-408.

Épictète, *Manuel*.

Evers, K. (1991), *Plurality of Thought*, Library of Theoria, Berlings Förlag, Arlöv.

Evers, K. (1996), *Why Tolerance ?*, Excalibur Press, Londres.

Evers, K. (1999a), « The identity of clones », *Journal of Medicine and Philosophy*, vol. 24, n° 1, p. 67-76.

Evers, K. (1999b), « Korsakoff syndrome – The amnesic self », *International Journal of Applied Philosophy*, vol. 13, n° 2, p. 193-208.

Evers, K. (2000), « Formulating international ethical guidelines for science », The American Association for the Advancement of Science, *Professional Ethics Report*, vol. XIII, n° 2, Spring 2000. Trad. chinoise : *Impact of Science on Society*, n° 2, 30 juin 2000.

Evers, K. (2001), « The importance of being a self », *International Journal of Applied Philosophy*, vol. 15, n° 1, p. 65-83.

Evers, K. (2004), *Codes of Conduct – Standards for Ethics in Research*, Office for Official Publications of the European Communities, Luxembourg.

Evers, K. (2005), « Neuroethics : A philosophical challenge », *The American Journal of Bioethics*, vol. 5, n° 2, p. 31-2.

Evers, K., Kilander, L., Lindau, M (2007a), « Insight in frontotemporal dementia. Conceptual analysis and empirical evaluation of the consensus criterion "Loss of insight" in frontotemporal dementia », forthcoming *in Brain et Cognition*, 63, p. 13-23, disponible sur Internet, 17 août 2006.

Evers, K. (2007b), « Perspectives on memory manipulation – Using beta-blockers to cure post-traumatic stress disorder », *Cambridge Quarterly of Healthcare Ethics*, numéro spécial sur la neuroéthique, 16, p. 138-146.

Evers, K. (2007c), « Toward a philosophy for neuroethics », *EMBO Report*, numéro spécial sur la science et la société, 8, p. 48-51.

Falck-Ytter, T., Gredebäck, G., von Hofsten, C. (2006), « Infants predict other people's action goals », *Nature Neuroscience*, 9, p. 878-879.

Farah, M. (2002), « Emerging ethical issues in neuroscience », *Nature Neuroscience*, 5, p. 1123-1129.

Farah, M. J., Illes, J., Cook-Deegan, R., Gardner, H., Kandel, E., King, P., Parens, E., Sahakian, B., Wolpe, P. R. (2004), « Neurocognitive enhancement : what can we do and what should we do ? », *Nat. Rev. Neurosci.*, vol. 5, n° 5, p. 421-425.

Farah, M. J., Wolpe, P. R. (2004), « Monitoring and manipulating brain function : new neuroscience technologies and their ethical implications », *Hastings Center Report*.

Ferrier, D. (1878), *The Localisation of Cerebral Diseases*. Trad. fr. : *De la localisation des maladies cérébrales*, 1880.

Fodor, J. (1979), *The Language of Thought*, Harvard University Press, Cambridge, Mass.

Frankfurt, H. (1969), « Alternative possibilities and moral responsibility », *Journal of Philosophy*, 66, p. 828-39.

Freeman, A. (1999), « Decisive action : Personal responsibility all the way down », *in* Libet, B., Freeman, A., Sutherland, K. (éds.) (1999), p. 275-278.

Freeman, W. (1995), *Societies of Brains. A Study in the Neuroscience of Love and Hate*, Lawrence Erlbaum Associates, New Jersey.

Frick, P. J., O'Brien, B. S., Wootton, J. M., McBurnett, K. (1994), « Psychopathy and conduct problems in children », *Journal of Abnormal Psychology*, 103, p. 700-707.

Fries, P. (2005), « A mechanism for cognitive dynamics : neuronal communication through neuronal coherence », *Trends in Cognitive Sciences*, vol. 9, n° 10, p. 474-480.

Fung, Y.-L. (1952-53), *A History of Chinese Philosophy*, trad. par Derk Bodde, 2 vol., Princeton University Press, Princeton.

Fusi, S. (2001), « Long term memory : Encoding and storing strategies of the brain », *Neurocomputing*, 38-40, p. 1223-1228.

Gage, F. H. (2003), « Brain, repair yourself », *Scientific American*, septembre 2003, p. 29-35.

Gaillard, R., Del Cul, A., Naccache, L., Vinckier, F., Cohen, L., Dehaene, S. (2006), « Nonconscious semantic processing of emotional words modulates conscious access », *PNAS*, vol. 103, n° 19, p. 7524-7529.

Gall F. J., Spurzheim, J. C. (1819), *Anatomie et physiologie du système nerveux en général, et du cerveau en particulier, avec observations sur la possibilité de reconnaître plusieurs dispositions intellectuelles et morales de l'homme et des animaux par la configuration de leurs têtes*, 2 vol.

Gardner, H. (1987), *The Mind's New Science : A History of the Cognitive Revolution*, Basic Books, New York.

Garland, B. (éd.) (2004), *Neuroscience and the Law : Brain, Mind and the Scales of Justice*, Dana Press, New York.

Gazzaniga, M. S. (1970), *The Bisected Brain*, Appleton-Century-Crofts, New York.

Gazzaniga, M. S. (2005), *The Ethical Brain*, Dana Press, New York.

Gazzaniga, M. S., LeDoux, J. E. (1978), *The Integrated Mind*, Plenum Press, New York.

George, M. S. (2003), « Stimulating the brain », *Scientific American*, septembre 2003, p. 47-53.

Gibbard, A. (1993), « Sociobiology », *in* Goodin et Pettit (éds.) (1993).

Giles, J. (2005), « Beta-blockers tackle memories of horror », *Nature*, 436, p. 448-449.

Ginet, C. (1990), *On Action*, Cambridge University Press, Cambridge.

Glass, A., Holyoak, K., Santa, J. (1979), *Cognition*, Addison-Wesley, Mass., 2ᵉ éd., Random House, 1998.

Gomes, G. (1998), « The timing of conscious experience : a critical review and reinterpretation of Libet's research », *Consciousness and Cognition*, 7, p. 559-95.

Gomes, G. (1999), « Volition and the readiness potential », *in* Libet, B., Freeman, A., Sutherland, K. (éds.) (1999), p. 59-76.

Goodin, R. E., Pettit, P. (éds.) (1993), *A Companion to Contemporary Political Philosophy*, Blackwell, Oxford.

Gould, S. J. (1981/1996), *The Mismeasure of Man*, Norton et Co., New York. Trad. fr. : *La Mal-Mesure de l'homme*, Odile Jacob, Paris, 1997.

Gray, John (1995), *Enlightenment's Wake. Politics and Culture at the Close of the Modern Age*, Routledge, Londres.

Greely, H. T. (2002), « Neuroethics and ELSI : Some comparisons and considerations », *in* Marcus (2002), p. 83-91.

Greene, J. D., Sommerville, R. B., Nyström, L. E., Darley, J. M., Cohen, J. D. (2001), « An fMRI investigation of emotional engagement in moral judgment », *Science*, 293, p. 2105-2108.

Hacking, I. (1975), *The Emergence of Probability*, Cambridge University Press, Cambridge (R.-U.). Trad. fr. : *L'Émergence de la probabilité*, Seuil, Paris, 2002.

Hägerström, A. (1911), *Om moraliska föreställningars sanning*, Albert Bonniers Förlag, Stockholm. Trad. angl. R. Sandin : *On the Truth of Moral Propositions*, 1964 et T. Mautner : *On the Truth of Moral Ideas*, 1971.

Hall, S. S. (2003), « The quest for a smart pill », *Scientific American*, septembre 2003, p. 36-45.

Hamilton, W. (1964), « The genetical evolution of social behaviour », I et II, *Journal of Theoretical Biology*, 7, p. 1-52.

Hare, R. D. (1980), « A research scale for the assessment of psychopathy in criminal populations », *Personality and Individual Differences*, 1, p. 111-119.

Hare, R. D. (1991), *The Hare Psychopathy Checklist-Revised*, Multi-Health Systems, Toronto, Ontario.

Hare, R. M. (1952), *The Language of Morals*, Clarendon Press, Oxford.

Hare, R. M. (1981), *Moral Thinking*, Oxford University Press, Oxford.

Hart, A. J., Whalen, P. J., Shin, L. M. *et al.* (2000), « Differential response in the human amygdala to racial outgroup vs ingroup face stimuli », *NeuroReport*, vol. 11, n° 11, p. 2351-2355.

Hasnain, M. K., Fox, P. T., Woldorff, M. G. (1998), « Intersubject variability of functional areas in the human visual cortex », *Human Brain Mapping*, 6, p. 301-315.

Hatsopoulos, N. G., Paninski, L., Fellows, M. R., Donoghue, J. P. (2002), « Brain-machine interface : Instant neural control of a movement signal », *Nature*, URL : <biotech.nature.com>.

Haynes, J.-D., Rees, G. (2006), « Decoding mental states from brain activity in humans », *Nature Reviews Neuroscience*, vol. 7, n° 7, p. 523-534.

Haynes, J.-D., Sakai, K., Rees, G., Gilbert, S., Fith, C., Passingham, R. (2007), « Reading hidden intentions in the human brain », *Current Biology*, vol. 17, n° 4, p. 323-328.

Helmuth, L. (2001), « Moral reasoning relies on emotion », *Science*, 293, p. 1971-1972.

Van Hemmen, J. L., Keller, G., Kuhn, R. (1988), « Forgetful memories », *Europhysics Letters*, vol. 5, n° 7, p. 663-668.

Heyd, D. (1992), *Genethics*, University of California Press, Berkeley.

Hilgard, E. (1973), « A neodissociation interpretation of pain reduction in hypnosis », *Psychological Review*, 80, p. 396-411.

Hills, P., Lewis, M. (2006), « Reducing the own-race bias in face recognition by shifting attention », *Quarterly Journal of Experiment Psychology*, 59, p. 996-1002.

Hobbes, T. (1651), *Leviathan.*

Hodgson, D. (1991), *The Mind Matters*, Oxford University Press, Oxford.

Hodgson, D. (1999), « Hume's mistake », *in* Libet, B., Freeman, A., Sutherland, K. (éds.) (1999), p. 201-224.

Hook, S. (éd.) (1958), *Determinism and Freedom in the Age of Modern Science*, Collier-Macmillan, New York.

Hospers, J. (1958), « What means this freedom ? », *in* Hook (1958), p. 126-142.

Hume, D. (1739), *Treatise of Human Nature*, éd. par L.A. Selby-Bigge, Oxford 1888 ; 2ᵉ édition par P.H. Nidditch, Clarendon Press, Oxford, 1978. Trad. du livre II par Jean-Pierre Cléro : *Dissertation sur les passions. Traité de la nature humaine*, GF-Flammarion, Paris, 1991 ; trad. du livre III par Philippe Saltel : *La Morale. Traité de la nature humaine*, GF-Flammarion, Paris, 1993.

Huxley, T. (1894), *Evolution et Ethics.*

Hyman, S. (2002), « Ethical issues in psychopharmacology : research and practice », *in* Marcus (2002), p. 135-143.

Iacobini, M., Molnar-Szakacs, I., Gallese, V., Buccino, G., Mazziotta, J. C., Rizzolatti, G. (2005), « Grasping the intention of others with one's own mirror neuron system », *PLoS Biol.*, vol. 3, n° 3, e79.

Illes, J. (éd.) (2002), *Ethical Challenges in Advanced Neuroimaging, Brain and Cognition*, Academic Press, New York, vol. 50, n° 3.

Illes, J. (2003), « Neuroethics in a new era of neuroimaging », *American Journal of Neuroradiology*, vol. 24, n° 9, p. 1739-1741.

Illes, J. (2004), « Medical imaging : a hub for the new field of neuroethics », *Acad. Radiol.*, 7, p. 721-723.

Illes, J. (éd.) (2006), *Neuroethics : Defining the Issues in Theory, Practice, Policy*, Oxford University Press, Oxford.

Illes, J., Atlas, S. W. (éds.) (2002), *Ethical Issues in MR Imaging, Topics in Magnetic Resonance Imaging*, Lippincott Williams et Wilkins, New York, vol. 13, n° 2.

Illes, J., Desmond, J. E., Huang, L. F., Raffin, T. A., Atlas, S. W. (2002), « Ethical and practical considerations in managing incidental findings in functional magnetic resonance imaging », *Brain Cogn.*, vol. 50, n° 3, p. 358-365.

Illes, J., Raffin, T. A. (2002), « Neuroethics : an emerging new discipline in the study of brain and cognition », *Brain Cogn.*, (2002), vol. 50, n° 3, p. 341-344.

Illes, J., Kirschen, M. (2003), « New prospects and ethical challenges for neuroimaging within and outside the health care system », *AJNR. American Journal of Neuroradiology*, vol. 24, n° 10, p. 1932-1934.

Illes, J., Kirschen, M. P., Gabrieli, J. D. (2003), « From neuroimaging to neuroethics », *Nat. Neuroscience*, vol. 6, n° 3, p. 205.

Illes, J., Rosen, A. C., Huang, L., Goldstein, R. A., Raffin, T. A., Swan, G., Atlas, S. W. (2004), « Ethical considerations of incidental findings on adult brain MRI in research », *Neurology*, vol. 62, n° 6, p. 888-890.

Illes, J., Racine, E. (2005), « Imaging or imagining ? A neuroethics challenge informed by genetics », *The American Journal of Bioethics*, vol. 5, n° 2, p. 5-18.

Imanishi, K. (1941), *A Japanese View of Nature. The World of Living Things*, trad. Asquith, P. J., Kawakatsu, H., Yagi, S., Takasaki, H., Routledge Curzon, Londres, 2002.

Ingvar, D. (1999), « On volition. A neurophysiologically oriented essay », *in* Libet, B., Freeman, A., Sutherland, K. (éds.) (1999), p. 1-10.

Jackson, P. L., Brunet, E., Meltzoff, A. N., Decety, J. (2006), « Empathy examined through the neural mechanisms involved in imagining how I feel versus how you feel pain », *Neuropsychologia*, vol. 44, n° 5, p. 752-761.

James, W. (1890), *The Principles of Psychology*, 2 vol., New York.

Johnson-Laird, P. N. (1983), *Mental Models : Towards a Cognitive Science of Language, Inference, and Consciousness*, Cambridge University Press, Cambridge.

Jones, J. C., Barlow, D. H. (1990), « The etiology of posttraumatic stress disorder », *Clinical Psychological Review*, 10, p. 299-328.

Kamitani, Y., Tong, F. (2005), « Decoding the visual and subjective contents of the human brain », *Nature Neuroscience*, 8, p. 679-685.

Kane, R. (1996), *The Significance of Free Will*, Oxford University Press, Oxford.

Kane, R. (éd.) (2002), *The Oxford Handbook of Free Will*, Oxford University Press, Oxford.

Kant, I. (1781), *Critique de la raison pure*.

Katz, L. C., Shatz, C. J. (1996), « Synaptic activity and the construction of cortical circuits », *Science*, 274, p. 1133-1138.

Kee, D., Cherry, B., McBride, D., Neale, P., Segal, N. (1998), « Multi-task analysis of cerebral hemisphere specialization in monozygotic twins discordant for handedness », *Neuropsychology*, 12, p. 468-478.

Kirsch, M. (1991), Introduction, *in* Changeux (éd.) (1991), p. 11-29.

Koenigs, M., Young, L., Adolphs, R., Cushman, F., Hauser, M., Damasio, A. (2007), « Damage to the prefrontal cortex increases utilitarian moral judgements », *Nature*, 446, p. 908-911.

Koestler, A. (1964), *The Act of Creation*, Hutchinson and C°, Londres. Trad. fr. Georges Fradier : *Le Cri d'Archimède*, Calmann-Lévy, Paris, 1965.

Koestler, A. (1967), *The Ghost in the Machine*, Arkana Books, Londres, 1989. Trad. fr. Georges Fradier : *Le Cheval dans la locomotive*, Calmann-Lévy, Paris, 1968.

Koestler, A. (1978), *Janus : A Summing Up*, Hutchinson and C°, Londres. Trad. fr. Georges Fradier : *Janus : esquisse d'un système*, Calmann-Lévy, Paris, 1979.

Kornhuber, H. H. (1984), « Attention, readiness for action, and the stages of voluntary decision – some electrophysiological correlates in man », *Experimental Brain Research*, 9 (suppl.), p. 420-429.

Kornhuber, H. H. (1992), « Gehirn, Wille, Freiheit », *Revue de métaphysique et de morale*, vol. 97, n° 2, p. 203-223.

Kornhuber, H. H., Deecke, L. (1965), « Hirnpotentialänderungen bei Willkürbewegungen und passiven Bewegungen des Menschen : Bereitschaftpotential und reafferente Potentiale », *Pflügers Arch. Gesamte. Physiol Menschen Tiere*, 284, p. 1-17.

Kropotkine, P. (1897), *L'Entraide, un facteur d'évolution*.

Kübler A, Kotchoubey B., Kaiser J., Wolpaw J. R., Birbaumer N. (2001), « Brain-computer communication : unlocking the locked in », *Psychol Bull.*, vol. 127, n° 3, p. 358-375.

Lagercrantz, H. (2001), « Den nyfödda hjärnan och dess medvetande », *in* Lagercrantz (éd.) (2001), p. 82-94.

Lagercrantz, H. (éd.) (2001), *Hjärnan och medvetandet*, Nya Doxa, Nora.

Lagercrantz, H. (2005), *I barnets hjärna*, Bonnier Fakta, Stockholm.

Lamarck, J.-B. de (1809), *Philosophie zoologique*, Paris (2 vol.).

Lange, F. A. (1902), *Geschichte des Materialismus und Kritik seiner Bedeutung in der Gegenwart*, Verlag von J. Baedeker, Leipzig.

Langleben, D. D., Schroeder, L., Maldjian, J. A. *et al.* (2002), « Brain activity during simulated deception : an event-related functional magnetic resonance study », *Neuroimage*, 15, p. 727-732.

Lanier, J. (1999), « And now a brief word from now : Logical dependencies between vernacular concepts of free will, time and consciousness », *in* Libet, B., Freeman, A., Sutherland, K. (éds.) (1999), p. 261-268.

La Mettrie, J. (1748), *L'Homme machine*, De Luzac, Leyde.

Lawrence, E. J., Shaw, P., Giampietro, V. P., Surguladze, S., Brammer, M. J., David, A. S. (2006), « The role of "shared representations" in social perception and empathy : an fMRI study », *Neuroimage*, vol. 29, n° 4, p. 1173-1184.

Lebedev, M. A., Carmena, J. M., O'Doherty, J. E., Zacksenhouse, M., Henriquez, C. S., Principe J. C., Nicolelis M. A. (2005), « Cortical ensemble adaptation to represent velocity of an artificial actuator controlled by a brain-machine interface », *J. Neurosci.*, 25, p. 4681-4893.

LeDoux, J. (1998), *The Emotional Brain*, Phoenix, Londres. Trad. fr. : *Le Cerveau des émotions. Les mystérieux fondements de notre vie émotionnelle*, Odile Jacob, Paris, 2005.

Leibniz, G. W. (1686), *Discours de métaphysique*.

Leuthardt, E. C., Schalk, G., Wolpaw, J. R., Ojemann, J. G., Moran, D. W. (2004), « A brain-computer interface using electrocorticographic signals in humans », *J. Neural Eng.*, 1, p. 63-71.

Lewis, M., Haviland-Jones, J. M. (éds.) (2000), *Handbook of Emotions*, The Guilford Press, New York.

Lewis, D. O., Pincus, J. H., Feldman, M., Jackson, L., Bard, B. (1986), « Psychiatric, neurological, and psychoeducational characteristics of 15 death row inmates in the United States », *American Journal of Psychiatry*, 143, p. 838-845.

Lewis, D. O., Pincus, J. H., Bard, B., Richardson, E., Prichep, L. S., Feldman, M., Yeager, C. (1988), « Neuropsychiatric, psychoeducational, and family characteristics of 14 juveniles condemned to death in the United States », *American Journal of Psychiatry*, 145, p. 584-589.

Lewis, D. O. (1998), *Guilty By Reason of Insanity : A Psychiatrist Explores the Minds of Killers*, Fawcett Columbine, New York.

Liang, K. C., Chen, L. L., Huang, T. E. (1995), « The role of amygdala norepinephrine in memory formation : involvement in the memory enhancing effect of peripheral epinephrine », *Chinese Journal of Physiology*, vol. 38, n° 2, p. 1-91.

Libet, B., Gleason, C. A., Wright, E. W., Pearl, D. K. (1983), « Time of conscious intention to act in relation to onset of cerebral activity (readiness potential) : The unconscious initiation of a freely voluntary act », *Brain*, 106, p. 623-642.

Libet, B. (1985), « Unconscious cerebral initiative and the role of conscious will in voluntary action », *Behavioural and Brain Sciences*, 8, p. 529-566.

Libet, B. (1999), « Do we have free will ? », *in* Libet, B., Freeman, A., Sutherland, K. (éds.) (1999), p. 47-57.

Libet, B., Freeman, A., Sutherland, K. (éds.) (1999), *The Volitional Brain. Towards a Neuroscience of Free Will*, Journal of Consciousness Studies, vol. 6, n° 8-9.

Lidberg, L., Ingvar, M. (1996), « "Phineas Gage in prison". Criminals with brain damages should be treated in forensic psychiatric institutions », *Läkartidningen*, vol. 93, n° 38, p. 3251.

Llinás, R. R. (2002), *I of the Vortex. From Neurons to Self*, MIT Press, Cambridge, Mass.

Lorenz, K. (1963), *On Aggression*, Methuen, Londres, 1966. Trad. fr : *L'Agression. Une histoire naturelle du mal*, Flammarion, « Champs ».

Lowe, E. J. (1999), « Self, agency and mental causation », *in* Libet, B., Freeman, A., Sutherland, K. (éds.) (1999), p. 225-240.

Lucretius Carus, *De natura rerum*.

Lynch, G. (2002), « Memory enhancement : the search for mechanism-based drugs », *Nature Neurosci.*, 5, p. 1035-1038.

Machiavel, N. (1532), *Le Prince*.

Mandik, P. (2003), « Varieties of representation in evolved and embodied neural networks », *Biology and Philosophy*, vol. 18, n° 1, p. 95-130.

Marcus, S. J. (éd.) (2002), *Neuroethics : Mapping the Field*, Conference Proceedings, 13-14 mai 2002, San Francisco, Californie, The Dana Press, New York.

Markus, H., Wurf, E. (1987), « The dynamic self-concept : a social psychological perspective », *Annual Review of Psychology*, 38, p. 299-337.

McCrone, J. (1999), « A bifold model of free will », *in* Libet, B., Freeman, A., Sutherland, K. (éds.) (1999), p. 241-260.

McDaniel, A. (2004), « What if you could erase your memory ? », *Stanford Daily* daté du 15 avril 2004.

McGaugh, J. L. (1990), « Significance and remembrance : The role of neuromodulatory systems », *Psychological Science*, 1, p. 15-25.

Mendel, G. (1866), *Versuche über Pflanzen-Hybriden*, Verhandlungen der Naturforschenden Vereines in Brünn.

Merton, R. (1973), « The normative structure of science », *in* Storer, N. (éd.) (1973).

Michel, C., Rossion, B., Han, J., Chung, C. S., Caldara, R. (2006), « Holistic processing is finely tuned for faces of one's own race », *Psychological Science*, vol. 17, n° 7, p. 608-615.

Miller, G. (2005), « Learning to forget », *Science*, 304, p. 34-36.

Mo Tzu : Le *Mo Tzu*.

Mohrhoff, U. (1999), « The physics of interactionism », *in* Libet, B., Freeman, A., Sutherland, K. (éds.) (1999), p. 165-184.

Monod, J. (1970), *Le Hasard et la Nécessité. Essai sur la philosophie naturelle de la biologie moderne*, Seuil, Paris.

Moore, G. E. (1903), *Principia Ethica*, Cambridge University Press, Cambridge (R.-U.). Trad. fr. : *Principia Ethica*, PUF, Paris, 1998.

Morange, M. (1998), *La Part des gènes*, Éditions Odile Jacob, Paris.

Moreno, J. (2006), *Mind Wars : Brain Research and National Defence*, Dana Press, New York.

Morrell, R. F., Merbitz, C. T., Jain, S. (1998), « Traumatic brain injury in prisoners », *Journal of Offender Rehabilitation*, vol. 27, n° 3-4, p. 1-8.

Nadal, J. P., Toulouse, G., Changeux, J.-P., Dehaene, S. (1986), « Networks of formal neurons and memory palimpsests », *Europhysics Letters*, vol. 1, n° 10, p. 535-542.

Nicolelis M. A. (2003), « Brain-machine interfaces to restore motor function and probe neural circuits », *Nat. Rev. Neurosci.*, 4, p. 417-422.

Nijenhuis, E. R. S., Van der Hart, O., Steele, K. (2002), « The emerging psychobiology of trauma-related dissociation and dissociative disorders », *in* D'haenen, H. A. H. *et al.*, (2002), vol. 2, p. 1079-1098.

O'Connor, T. (1995), *Agents, Causes, and Events : Essays on Indeterminism and Free Will*, Oxford University Press, Oxford.

O'Connor, T. (2000), *Persons and Causes : The Metaphysics of Free Will*, Oxford University Press, Oxford.

Öhman, A. (1986), « Face the beast and fear the face : animal and social fears as prototypes for evolutionary analyses of emotion », *Psychophysiology*, vol. 23, n° 2, p. 123-145.

Öhman, A. (2000), « Fear and anxiety : evolutionary, cognitive and clinical perspectives », *in* Lewis, M., Haviland-Jones, J. M. (éds.) (2000), p. 573-593.

Öhman, A., Mineka, S. (2001), « Fears, phobias and preparedness : toward an evolved module of fear and fear learning », *Psychological Review*, vol. 108, n° 3, p. 483-522.

Ornstein, R., Thompson, R. F. (1984), *The Amazing Brain*, Houghton Mifflin, Boston.

Ortega y Gasset, J. (1962), « Man the technician », in *History as a System and Other Essays toward a Philosophy of History*, W. W. Norton, New York.

Parens, E. (2002), « How far will the treatment/enhancement distinction get us as we grapple with new ways to shape ourselves ? », *in* Marcus (éd.) (2002), p. 152-158.

Parens, E. (2004), « Genetic differences and human identities : on why talking about behavioral genetics is important and difficult », supplément spécial du *Hastings Center Report*, 2004.

Parisi, G. (1986), « A memory which forgets », *Journal of Physics A : Mathematical and General*, 7, p. L617-L620.

Parr, L. A., Waller, B.M., Fugate, J. (2005), « Emotional communication in primates : implications for neurobiology », *Curr. Opin. Neurobiol.*, vol. 15, n° 6, p. 716-720.

Patou-Mathis, M. (2006), *Néanderthal. Une autre humanité*, éd. Perrin, Paris.

Pedotti, A., Ferrarin, M., Quintern, J., Riener, R. (éds.) (1996), *Neuroprosthetics : From Basic Research to Clinical Application : Biomedical and Health Research Program (Biomed) of the European Union*, Springer-Verlag Telos.

Phelps, E. A., O'Connor, J. K., Cunningham, W. A. *et al.* (2000), « Performance on indirect measures of race evaluation predicts amygdala activation », *Journal of Cognitive Neuroscience*, 12, p. 729-738.

Pinker, S. (1997), *How the Mind Works*, Norton, New York. Trad. fr. : *Comment fonctionne l'esprit*, Odile Jacob, Paris, 2000.

Pitman, R. K., Sanders, K. B., Zusman, R. M. *et al.* (2002), « Pilot study of secondary prevention of posttraumatic stress disorder with propranolol », *Biological Psychiatry*, 51, p. 189-192.

Pulvermüller, F. (1996), « Hebb's concept of cell assemblies and the psychophysiology of word processing », *Psychophysiology*, 33, p. 333.

Pulvermüller, F. (2005), « Brain mechanisms linking language and action », *Nature Reviews Neuroscience*, vol. 6, n° 7, p. 576-582.

Putnam, F. (1989), *Diagnosis et Treatment of Multiple Personality Disorder*, The Guilford Press, Londres.

Pylyshyn, Z. (2001), « Is the imagery debate over ? If so, what was it about ? », *in* Dupoux (2001), p. 59-83.

Quirk, G. J. (2004), « Learning not to fear, faster », *Learning et Memory*, 11, p. 125-126.

Radden, J. (1996), *Divided Minds and Successive Selves. Ethical Issues in Disorders of Identity and Personality*, MIT Press, Cambridge, Mass.

Redondi, P. (1987), *Galileo Heretic*, Princeton University Press, Princeton.

Reinders, S. *et al.* (2003), « One brain, two selves », *NeuroImage*, vol. 20, n° 5, p. 2119-2125.

Resnik, D. B. (1998), *The Ethics of Science : An Introduction*, Routledge, Londres.

Ricœur, P. (1983-1985), *Temps et récit*, Seuil, Paris, 3 vol.

Ricœur, P. (1990), *Soi-même comme un autre*, Seuil, Paris.

Rilke, R.-M. (1912/1922), *Duineser Elegien*, Insel Verlag, Leipzig. Trad. fr. : *Les Élégies de Duino*.

Rose, S. P. R. (2002), « "Smart drugs" : do they work ? Are they ethical ? Will they be legal ? », *Nature Rev. Neurosci.*, 3, p. 975-979.

Roskies, A. (2002), « Neuroethics for the new millenium », *Neuron*, 35, p. 21-23.

Roskies, A. (2006), « Neuroscientific challenges to free will and responsibility », *Trends in Cognitive Science*, vol. 10, n° 9, p. 419-423.

Ruigrok, W., Van Tulder, R. (1995), *The Logic of International Restructuring. The Management of Dependencies in Rival Industrial Complexes*, Routledge, Londres.

Ryder, D. (2004), « SINBAD Neurosemantics : A theory of mental representation », *Mind et Language*, vol. 19, n° 2, p. 211-240.

Ryle, G. (1949), *The Concept of Mind*, Londres. Tr. fr. : *La Notion d'esprit*, Payot, 2005.

Sample, I. (2005), « Meet the mind readers », *The Guardian* daté du 31 mars 2005.

Sandberg, A., Lansner, A., Petersson, K. M., Ekeberg, Ö. (2002), « A Bayesian attractor network with incremental learning », *Network : Comput. Neural Syst.*, 13, p. 179-194.

Santucci, D. M., Kralik, J. D., Lebedev, M. A., Nicolelis, M. A. (2005), « Frontal and parietal cortical ensembles predict single-trial muscle activity during reaching movements in primates », *Eur. J. Neurosci.*, vol. 22, n° 6, p. 1529-1540.

Sartre, J.-P. (1943), *L'Être et le Néant*, Gallimard, Paris.

Schacter, D. L. (2002), « The seven sins of memory : implications for science and society », *in* Marcus (éd.), (2002), p. 64-73.

Schacter, D. L. (2003), *The Seven Sins of Memory : How the Mind Forgets and Remembers*, Souvenir, Londres.

Schacter, S., Singer, J. E. (1962), « Cognitive, social, and physiological determinants of emotional state », *Psychological Review*, 69, p. 379-399.

Schechtman, M. (1996), *The Constitution of Selves*, Cornell University Press, New York.

Schilpp, P. A. (éd.) (1942), *The Philosophy of G. E. Moore*, Tudor Publishing Company, New York.

Schnitzler, A., Gross, G. (2005), « Normal and pathological oscillatory communication in the brain », *Nature Reviews Neuroscience*, vol. 6, n° 4, p. 285-296.

Schultz, W., Dayan, P., Montague, P. (1997), « A neural substrate of prediction and reward », *Science*, 275, p. 1593-1599.

Schultz, W. (1999), « The primate basal ganglia and the voluntary control of behaviour », *in* Libet, B., Freeman, A., Sutherland, K. (éds.) (1999), p. 31-46.

Schultz, W. (2006), « Behavioral theories and the neurophysiology of reward », *Annu. Rev. Psychol.*, 57, p. 87-115.

Schwartz, J. M. (1999), « A role for volition and attention in the generation of new brain circuitry : towards a neurobiology of mental force », *in* Libet, B., Freeman, A., Sutherland, K. (éds.) (1999), p. 115-142.

Scoones, I. (1999), « New ethology and the social sciences : what prospects for a fruitful engagement ? », *Annual Review of Anthropology*, 28, p. 479-507.

Searle, J. R. (1997), *The Mystery of Consciousness*, Granta Books, Londres. Trad. fr. Claudine Tiercelin : *Le Mystère de la conscience*, Odile Jacob, Paris, 2000.

Segal, J. M. (1991), *Agency and Alienation : A Theory of Human Presence*, Rowman et Littlefield, Londres.

Segerdahl, P., Fields, W., Savage-Rumbaugh, S. (2005), *Kanzi's Primal Language. The Cultural Initiation of Primates into Language*, Palgrave Macmillan, Basingstoke/New York.

Segerdahl, P., Fields, W., Savage-Rumbaugh, S. (2007), « The material practices of ape language reseach », *in* J. Valsiner (éd.), *Cambridge Handbook of Socio-Cultural Psychology*, Cambridge University Press.

Sicard, D. (2006), *L'Alibi éthique*, Plon, Paris.

Singer, T., Seymour, B., O'Doherty, J. P., Kaube, J., Dolan, R. J., Frith, C. D. (2004), « Empathy for pain involves the affective but not sensory components of pain », *Science*, vol. 303, n° 5661, p. 1157-1162.

Singer, T., Seymour, B., O'Doherty, J. P., Stephan, K. E., Dolan, R. J., Frith, C. D. (2006), « Empathetic neural responses are modulated by the perceived fairness of others », *Nature*, vol. 439, n° 7075, p. 466-469.

Skinner, B. F. (1953), *Science and Human Behaviour*, The Macmillan Company, New York. Trad. fr. André Gonthier-Werren et Rose-Marie Gonthier-Werren : *Science et comportement humain*, In Press, Paris, 2005.

Smilansky, S. (2000), *Free Will and Illusion*, Oxford University Press, Oxford.

Sommer, I. E., Ramsey, N. F., Mandl, R. C. et Kahn, R. S. (2002), « Language lateralization in monozygotic twin pairs concordant and discordant for handedness », *Brain*, 125, p. 2710-2718.

Spence, S. A., Frith, C. D. (1999), « Towards a functional anatomy of volition », *in* Libet, B., Freeman, A., Sutherland, K. (éds.) (1999), p. 11-30.

Spencer, H. (1851), *Social Statistics*.

Sperry, R. W (1968), « Mental unity following surgical disconnection of the cerebral hemispheres », *Harvey Lectures*, Academic Press, New York.

Spiegel, D. (1993), « Multiple personality », *International Society for the Study of Multiple Personality and Dissociation*, vol. 2, n° 4, p. 15.

Spinney, L. (2003), « We can implant entirely false memories. Remember this ! ! ! ! », *The Guardian* daté du 12 juillet 2003.

Spinoza, B., *Éthique*.

Stapp, H. P. (1999), « Attention, intention, and will in quantum physics », *in* Libet, B., Freeman, A., Sutherland, K. (éds.) (1999), p. 143-164.

Stein, D. G., Brailowsky, S., Will, B. (1997), *Brain Repair*, Oxford University Press, Oxford.

Stein, D. J., Seedat, S. (2004), « Clinical trials report », *Current Psychiatry Reports*, 6, p. 241-242.

Stein, R. (2004), « Is every memory worth keeping ? Controversy over pills to reduce mental trauma », *Washington Post* daté du 19 octobre 2004.

Steinmetz, H., Herzog, A., Schlaug, G., Huang, Y., Jäncke, L. (1995), « Brain asymmetry in monozygotic twins », *Cereb. Cortex*, 5, p. 296-300.

Stern, C., Sherwood, E. R. (éds.) (1966), *The Origin of Genetics*, Londres.

Stix, G. (2003), « Ultimate self-improvement », *Scientific American*, septembre 2003, p. 26-27.

Storer, N. (éd.) (1973), *The Sociology of Science : Theoretical and Empirical Investigations*, Chicago University Press, Chicago.

Strange, B. A., Hurlemann, R., Dolan, R. J. (2003), « An emotion-induced retrograde amnesia in humans is amygdala- and beta-adrenergic-dependent », *Proceedings of the National Academy of Science USA*, vol. 100, n° 23, p. 13626-13631.

Strange, B. A., Dolan, R. J. (2004), « Beta-adrenergic modulation of emotional memory-evoked human amygdala and hippocampal responses », *Proceedings of the National Academy of Science USA*, vol. 101, n° 31, p. 11454-11458.

Thompson, P. M., Cannon, T., Narr, K., Van Erp, T., Poutanen, V.-P. *et al.* (2001), « Genetic influences on brain structure », *Nat. Neuroscience*, 4, p. 1253-1258.

Tramo, M. J., Loftus, W., Stukel, T., Green, R., Weaver, J., Gazzaniga, S. (1998), « Brain size, head size and intelligence quotient in monozygotic twins », *Neurobiology*, 50, p. 1246-1252.

Tuchman, B. (1984), *The March of Folly : From Troy to Vietnam*, Michael Joseph, Londres. Trad. fr. : *La Marche folle de l'Histoire. De Troie au Vietnam*, Robert Laffont, Paris, 1985.

[USA] President's Council on Bioethics report of October 2004, *Beyond Therapy : Biotechnology and the Pursuit of Happiness*.

Vaiva, G., Ducrocq, F., Jezequel, K. *et al.* (2003), « Immediate treatment with propranolol decreases posttraumatic stress disorder two months after trauma », *Biological Psychiatry*, 54, p. 947-949.

Van Inwagen, P. (1975), « The incompatibility of free will and determinism », *Philosophical Studies*, 27, p. 185-199.

Van Inwagen, P. (1983), *An Essay on Free Will*, Clarendon Press, Oxford.

Velmans, M. (1991), « Is human information processing conscious ? », *Behavioral and Brain Sciences*, 3, p. 651-669.

Wallington, T. J., Hobbs, R. J., Moore, S. A. (2005), « Implications of current ecological thinking for biodiversity conservation : a review of the salient issues », *Ecology and Society*, vol. 10, n° 1, p. 15-31.

Walter, H. (1999), *Neurophilosophie der Willensfreiheit*, Mentis Verlag, Paderborn.

Watson, J. B. (1913), « Psychology as the behaviorist sees it », *Psychol. Rev.*, 20, p. 158-167.

Watson, J. B. (1928), *Behaviourism*, Londres. Trad. fr.: *Le Béhaviorisme*, Cepi, Paris, 1972.

Wernicke, C. (1895), *Gesammelte Aufsätze und Kritische Referate zur Pathologie des Nervensystems*, Berlin.

Wessberg, J., Stambaugh, C. R., Kralik, J. D., Beck, P. D., Laubach, M., Chapin, J. K., Kim, J., Biggs, S. J., Srinivasan, M. A., Nicolelis, M. A. (2000) « Real-time prediction of hand trajectory by ensembles of cortical neurons in primates », *Nature*, 16, p. 361-365.

White, T., Andreasen, N., Nopoulos, P. (2002), « Brain volume and surface morphology in monozygotic twins », *Cereb. Cortex*, 12, p. 486-493.

Whiten, A. J., Goodall, W. C., McGrew, T., Nishida, V., Reynolds, Y., Sugiyama, C. E., Tutin, G., Wrangham, R. W., Boesch, C. (1999), « Cultures in chimpanzees », *Nature*, 399, p. 682-685.

Wiesel, T. N., Hubel, D. (1963), « Effects of visual deprivation on morphology and physiology of cells in the cat's lateral geniculate body », *J. Neurophysiol.*, 26, p. 978-993.

Wilmut, I. (1997), Interview (*Gespräch*), *Der Spiegel*, 10.

Wilson, D. L. (1999), « Mind-brain interaction and violation of physical laws », *in* Libet, B., Freeman, A., Sutherland, K. (éds.) (1999), p. 185-200.

Wilson, E. O. (1975), *Sociobiology : The New Synthesis*, Cambridge Mass. Trad. fr. : *La Sociobiologie*, Éditions du Rocher, Monaco, 1989.

Winslade W. J. (1998), *Confronting Traumatic Brain Injury : Devastation, Hope and Healing*, Yale University Press, New Haven et Londres.

Winslade, W. J. (2003), « Traumatic brain injury and criminal responsibility », *Medical Ethics*, vol. 10, n° 3.

Wolpaw, J. R., Birbaumer, N., McFarland, D. J., Pfurtscheller, G., Vaughan, T. M. (2002), « Brain-computer interfaces for communication and control », *Clinical Neurophysiology*, 113, p. 767-791.

Wolpert, L. (2006), *Six Impossible Things Before Breakfast. The Evolutionary Origins of Belief*, Faber, Londres.

Yergin, D. (1977), *Shattered Peace : The Origins of the Cold War and the National Security State*, Houghton Mifflin, Boston.

Ziman, J. (1998), « Why must scientists become more ethically sensitive than they used to be ? », *Science*, vol. 282, 4 décembre.

Table des matières

1

Quand la matière s'éveille
L'esprit ouvert et ses ennemis

2

Le cerveau responsable
*Le libre arbitre et la responsabilité personnelle
à la lumière des neurosciences*

3

La base neurale de la moralité
La pertinence normative des neurosciences

4
La responsabilité naturaliste
Vers une philosophie pour la neuroéthique

Imprimé par Lightning Source France
1 avenue Gutenberg
78310 Maurepas

N° d'édition : 7381-2233-Y

9 782738 122339